Stefano Vaj

# Artificialità intelligenti

**Chi ha paura della diffusione delle IA e perché**

Centro Produzioni Moira

Milano, 2023

1

ISBN 9798393975593

# INDICE

# PREFAZIONE

Nel mondo reale dei laboratori pubblici e privati, tutti i filoni della ricerca scientifica e tecnologica continuano a produrre novità, piccole e grandi, senza sosta.

Nel mondo virtuale dei media, invece, ci sono tecnologie che conquistano la scena e altre che la perdono. Succede lo stesso per tutti gli eventi, a dire il vero, anche se non pochi sembrano convinti che sia reale soltanto ciò che appare nei media.

Questo interessante saggio di Stefano Vaj ci ricorda che ora, nei media, tiene banco il tema dell'Intelligenza Artificiale (l'IA, o magari AI, se vogliamo usare l'acronimo inglese), ma per certi aspetti si tratta dell'ennesima bolla mediatica. È il problema del momento, come in passato ha tenuto banco la questione della fecondazione in vitro o quella degli organismi geneticamente modificati. Queste tecnologie ci sono ancora, e più di prima, nel mondo reale degli ospedali e dei supermercati, ma non sono più un problema perché i media hanno smesso di parlarne.

Ora sul banco degli imputati c'è l'IA e, in particolare, ChatGPT di OpenAI. È un pericolo esistenziale o una panacea?

È la fine di ogni problema o la nostra fine?

Come per ogni altro tema, si è attivato subito il circo politico-mediatico per ridurre le posizioni a due.

In un sistema politico bipolare non può essere altrimenti: è bianco o nero, bene o male, giusto o sbagliato, di destra o di sinistra. Sicché, anche in questo caso, c'è chi invoca (o impone) bandi e moratorie e chi invece vuole lasciare l'IA a briglie sciolte.

Abbiamo, insomma, in campo i tecnofobi – coloro che temono l'IA – e i tecnofili – coloro che amano l'IA.

Per i tecnofobi, i tecnofili sono poveri ingenui che non vedono i pericoli che questa insidiosa tecnologia produce.

Per i tecnofili, al contrario, i tecnofobi sono i soliti allarmisti che verranno presto smentiti, come sono stati smentiti quelli che in passato hanno annunciato l'apocalisse.

Faremo solo due esempi dei "prototipi" in campo. Elizier Yudkowsky, in un articolo apparso sul Time il 30 marzo 2023, ha affermato che non basta una moratoria di qualche mese.

Il programma di training dell'IA deve essere fermato una volta per tutte, perché altrimenti ChatGPT5 – la cui uscita è prevista per dicembre di quest'anno – ci ucciderà tutti.

Nientemeno. Speculare a questa prospettiva apocalittica è la posizione di Ray Kurzweil, per il quale l'IA è la chiave della singolarità tecnologica, una trasformazione epocale che trasformerà questo mondo in un paradiso terrestre.

C'è, naturalmente, un terzo partito: quello che, pensando di raggiungere le sommità della saggezza, ci avverte che sbagliano entrambi, tecnofobi e tecnofili, giacché ci sono pro e contro, rischi e opportunità, nell'IA come in ogni altra tecnologia.

Questi ultimi non ne escono bene comunque. Sono accusati dai due schieramenti più determinati di essere "democristiani", centristi per comodità e interesse.

Il mio appunto è che pure questi ultimi sono comunque invischiati nel ragionamento bipolare. Soppesano, comunque, due eventualità tra le infinite possibili. Ma non è solo questo il problema. Le tre posizioni in campo sono più simili di quanto ognuna di esse sia pronta ad ammettere per il modo in cui pongono il problema: si chiedono tutte se l'IA sia un bene o un male per l'umanità.

Ciò che accomuna i miei studi filosofici e sociologici sull'IA a quelli di Vaj è il fatto che poniamo domande diverse da questa. Il merito specifico del lavoro di Vaj che voglio sottolineare è proprio questo.

Quando si tratta di scelte, e di ricadute positive o negative di queste scelte, il soggetto agente e quello agito non è mai l'umanità, ovvero l'insieme degli esseri umani ora viventi – o al massimo di quelli attuali e quelli che vivranno in futuro.

Oltre all'umanità, concetto senz'altro nobile ma alquanto fumoso, ci sono altri soggetti assai più concreti che sono candidati a trarre beneficio o a subire gli effetti indesiderati dell'ingresso delle IA nel tessuto sociale e produttivo.

Gli studiosi transumanisti e postumanisti hanno da tempo decostruito la prospettiva umanista e antropocentrica, mettendo in campo l'argomento che oltre all'uomo ci sono altri esseri che partecipano alla dinamica evoluzionistica, come gli animali, l'ambiente nel suo complesso o gli esseri senzienti del futuro.

Se l'*Homo erectus* avesse avuto pieno controllo sull'evoluzione, certamente non avrebbe permesso la propria estinzione per favorire l'emersione del pericolosissimo *Homo sapiens*, che ora invece gli umanisti vorrebbero fosse eterno, un non plus ultra, come se vivessimo ancora in un mondo tolemaico e fissista. Ma qui non voglio ritornare su un discorso che i lettori di Vaj dovrebbero conoscere assai bene.

Qui voglio restare con i piedi ben ancorati a terra, ovvero riferirmi non tanto ai potenziali soggetti futuri, come gli ibridi uomo-macchina o le IA coscienti, quanto ad altri soggetti che più dell'umanità nel suo complesso generano e subiscono gli effetti dell'emersione di ChatGPT e altri software intelligenti, ovvero: individui, gruppi di potere, classi sociali, minoranze etniche, aziende, nazioni, imperi, ecc.

Se io nei miei scritti tendo a studiare lo sviluppo tecnologico tenendo soprattutto presente l'effetto che ha sulle diverse classi sociali, Vaj pone più enfasi sul ruolo che le singole comunità politiche (o meglio le élite che le guidano) assumono nel processo. I due punti di vista non sono antitetici, sono complementari. Svelano comunque che chi parla di "umanità" in realtà parla del proprio gruppo, identifica gli interessi dell'umanità con quelli del proprio gruppo e questa operazione propagandistica – se riesce – è il modo più efficace per fare appunto i propri interessi. Per fare un esempio, gli Stati Uniti parlano di se stessi come se fossero "il mondo" o "l'umanità". Nella loro narrazione, "gli altri" contano poco o nulla. Saranno costretti a seguire, se non vogliono stare dalla parte sbagliata della storia, anche se il numero conferirebbe maggiori diritti per giungere a questa conclusione proprio agli "altri".

Chi vaneggia di un mondo unito e democratico, continuando a vedere Washington come il centro decisionale di questo mondo, dimentica che in un sistema davvero democratico – una testa un voto – questo "mondo unito" dovrebbero governarlo i cinesi, gli indiani e gli africani.

A ciò si deve aggiungere che in realtà è la classe dominante degli Stati Uniti a parlare e, dunque, un gruppo ancora più ristretto. Per farla breve, "l'umanità" come tale non ha mai avuto il controllo sulle tecnologie.

Come giustamente sottolinea Vaj, in un mondo multipolare come quello in cui, volenti o nolenti, ora viviamo, nessuna élite e nessuna grande potenza e nessun soggetto collettivo in generale vorrà privarsi dell'AI.

Come diceva Francesco Bacone, scientia potentia est, la scienza – e lui intendeva quella applicata – è potenza. Chi ha l'IA più potente vince, in campo bellico, nel gioco catallattico o nel confronto politico. Rinunciare all'IA significa rinunciare al potere, ovvero farsi governare da altri. Questo vale per le nazioni, come per le classi.

Sebbene Vaj non creda nell'avvento della singolarità tecnologica come descritta negli scritti kurzweiliani, uno sviluppo che per lui ricalca troppo l'escatologia giudeo-cristiana, egli resta comunque un sostenitore degli sviluppo dell'IA a oltranza.

Per tale ragione, come abbiamo spiegato all'inizio, agli occhi dei tecnofobi apparirà senz'altro un "ottimista ingenuo" nella migliore delle ipotesi, un "malvagio" nella peggiore. Del resto, in un mondo in cui le sofferenze non mancano, a fare professione di pessimismo si appare più profondi. Se, però, è vero quello che abbiamo detto, ad essere davvero naïf è chi pensa che – se si dovessero presentare problemi come una disoccupazione tecnologica di massa o una IA ostile che mette a rischio le nostre libertà – le decisioni verrebbero prese da élite democraticamente elette, sulla base di ciò che è bene o male per tutti.

Io concordo sul fatto che non abbia senso parlare di bandi e moratorie, ma non perché sia convinto che l'avvento dell'IA ci aprirà le porte del paradiso. Semplicemente, perché credo che l'idea del bando universale sia una soluzione velleitaria.

Se davvero si fermassero OpenAI o gli Stati Uniti o gli addetti alla sicurezza, o fingessero di farlo, comunque non si fermerebbero Huawei o Google, la Russia o gli hackers. Dobbiamo allora ragionare su soluzioni praticabili a livello periferico.

Gli ottimisti sostengono che non ci sarà mai competizione tra uomo e macchina, perché quest'ultima dipende dal primo per origine e sviluppo. Io, pur essendo tendenzialmente tecnofilo, per le ragioni sopra esposte, non sono così convinto che questa sia una rappresentazione accettabile della situazione.

Se il discorso rimane in astratto sull'uomo non si colgono le implicazioni sociali ed economiche. La domanda è: Quale uomo? Quale classe sociale?

Anche i robot industriali introdotti nelle fabbriche da più di mezzo secolo "dipendono dall'uomo".

Questo significa che non c'è stata competizione tra uomo e macchina? No, perché in questa categoria di "uomo" ci sono gli imprenditori e gli ingegneri, ma non gli operai e i disoccupati. La macchina dipende dai primi, non dai secondi.

Sicché, la competizione c'è stata e ha vinto la macchina su tutta la linea, tanto che è quasi scomparsa la classe operaia. Per ovviare al problema, sono aumentati gli impiegati nei servizi, soprattutto nei servizi pubblici. C'è chi si lamenta per l'ipertrofia della pubblica amministrazione, senza capire che questa operazione ha mascherato l'inefficienza del mercato nel ridistribuire ricchezza e benefici dell'automazione.

Chi ha testato modelli di ChatGPT superiore al 4 sa bene che l'intelligenza artificiale di ultima generazione, quand'anche non "cosciente" per una definizione o un'altra del termine, è molto più "intelligente" dell'essere umano medio. Dispone di maggiori informazioni, parla meglio, è più precisa.

Di nuovo, non ci sarà competizione. Sul mercato del lavoro, vincerà la macchina su tutta la linea. Professionisti, consulenti, operatori del call center sono avvertiti. Anche in assenza di esiti apocalittici alla Yudkowsky, qualunque imprenditore preferirà ChatGPT5 a qualsiasi impiegato o professionista.

L'IA non si ammala, non si spazientisce, non ha crisi nervose, non va in ferie, non deve mangiare né dormire, continua a migliorare minuto dopo minuto, ma soprattutto è più capace e competente, oltre che indistinguibile dall'essere umano.

Anzi, il dubbio che stiamo parlando con un software ci verrà quando l'interlocutore sembrerà troppo competente e dotto.

Per il momento, l'IA non può sostituire gli ingegneri di OpenAI che l'hanno creata, ma questi non sono "l'umanità". Sono solo poche decine di persone. Per la gran parte del genere umano, sul piano professionale, è *game over*.

E questo è solo il primo passo. Immaginiamo ChatGPT5 installata in un robot della Boston Dynamics (che corre e salta molto meglio di qualsiasi essere umano) e con un sintetizzatore vocale. Se quelli open access in italiano lasciano ancora un po' a desiderare, quelli in inglese sono ormai indistinguibili dall'essere umano. Tra qualche mese questi dispositivi saranno nelle strade, nei negozi, negli uffici, nelle fabbriche.

Non c'è competizione possibile. A chi ha un cervello ben funzionante (e anche questi non sono molti) non resterebbero nel sistema attuale che le attività filosofiche e spirituali – la stessa produzione artistica è oggi rimessa in discussione.

La domanda è: siamo pronti, in ogni singolo paese, in ogni singola classe sociale, ad affrontare il problema a livello politico o ragioniamo ancora secondo categorie novecentesche, se non ottocentesche, che suppongono l'esistenza di un mercato che si autoregola istantaneamente per il bene di tutti?

La seconda parte del saggio, dal taglio più filosofico, affronta del resto alcune questioni di fondo.

Chi aderisce all'idea che l'alternativa aperta nel nostro futuro è tra una evoluzione autodiretta ed una evoluzione (o involuzione) eterodiretta, e che altre opzioni sono sia probabilmente illusorie, sia anche ben poco allettanti per ciò che necessariamente comporterebbe il tentativo di perseguirle, con la tematica della intelligenza artificiale vengono al pettine alcuni nodi in materia di scelta di valori, che riguardano ciò che pensiamo di essere, con cosa ci identifichiamo, quali interessi riteniamo meritevoli di tutela e perché, e dove vogliamo andare.

Questioni di fondo su cui le recenti discussioni in materia di "rischi" ed "opportunità" lasciano intendere ci siano risposte scontate e unanimemente condivise, e che invece esaminate più da vicino lasciano aperte soluzioni radicalmente diverse.

Riccardo Campa

# PARTE PRIMA

# Artificialità intelligenti

Alla fine degli anni ottanta del Novecento, l'attenzione relativa alle trasformazioni tecnologiche – anche in relazione alle loro potenzialità in funzione di una paventata o auspicata trasformazione "postumana" – si concentra su quanto veniva all'epoca definito "informatica e telematica" – ivi compreso nel nascente movimento transumanista in cui è all'epoca preponderante la componente "hard", anche sulla scorta dell'esplosione ancora in corso del World Wide Web, delle promesse inerenti alla realtà virtuale, e sul piano della cultura di massa dall'insieme dell'immaginario cyberpunk[1], con annessa

---

1 Ma già in *Schismatrix* di BRUCE STERLING (trad. italiana *La matrice spezzata*, Editrice Nord, Milano 1986) l'alternativa hard/wet viene rappresentata narrativamente in un mondo in cui le due ideologie e superpotenze principali sono costituite dai

mitizzazione della figura dell'hacker come nuova incarnazione del "ribelle".

All'inizio del nuovo secolo, il panorama è invece largamente dominato dalle questioni inerenti alle biotecnologie, alla ingegneria genetica, al longevismo, alle smart drugs, alla sospensione crionica, etc., inerenti invece al transumanismo "wet"[2]. Ancora dieci o vent'anni, e il pendolo torna a puntare nella direzione del "digitale", grazie essenzialmente ai (seppur tardi e stentati) progressi concreti nella ricerca in materia di intelligenza artificiale e di interfacce neurali che finiscono per aver luogo[3].

In particolare, vengono in conto i sistemi dedicati alla pattern recognition, a scopi securitari e commerciali, soprattutto per ciò che concerne i singoli individui e i loro comportamenti ed interazioni; l'iniziale diffusione di veicoli a guida autonoma, che annunciano l'avvento di una robotica di massa e non confinata alla produzione industriale di linea; e soprattutto l'avvento di interfacce utente basate su modelli linguistici su larga scala, inaugurato da ChatGPT.

La cosa genera reazioni importanti, che solo molto parzialmente hanno a che fare con gli inconvenienti inerenti alla natura rudimentale di quanto sinora disponibile, e in misura

---

"mechanist" e dai "plasmatori" (in inglese "shapers").

2 Cfr. quanto già discusso in STEFANO VAJ, *Biopolitica. Il nuovo paradigma* (SEB, Milano 2005, oggi anche online a http://www.biopolitica.it), in *Dove va la biopolitica?* (intervista a cura di Adriano Scianca, Settimo Sigillo, Roma 2008) e ancora in *I sentieri della tecnica. Spirito faustiano, transumanismo, futurismo* (Moira, Milano 2022).

3 Naturalmente, l'emergenza di problematiche concrete è anche in questo caso largamente anticipata da trend nella speculazione non solo teorica, per esempio del tipo su cui RAY KURZWEIL già insiste in *La singolarità è vicina*, Apogeo, Milano 2008, e che riprende con *Come creare una mente*, Apogeo, Milano 2013. È difficile immaginare quanto l'autore, nel frattempo coinvolto nella R&D di Google in materia di AI, possa essersi sentito frustrato dalla clamorosa uscita pubblica della cordata OpenAI/Microsoft dopo decenni di ricerca e advocacy in materia...

molto più rilevante con le interferenze generate rispetto all'orientamento "umanista" o pseudoumanista del mainstream.

In realtà, infatti, anche questi sviluppi danno bensì vita ad aspettative ingenuamente escatologiche, che spaziano da un incondizionato miglioramento della qualità della vita a miti ricorrenti quale quello di una "liberazione dal lavoro" che continua ad opporsi ad obiettivi di diversa natura e concretezza inerenti invece alla liberazione *del* lavoro.

D'altronde, esistono anche legittime preoccupazioni relativamente alla correlate potenzialità di accentuazione ed irrigidimento delle caratteristiche e dei trend del sistema, ovvero del Brave New World in via di (combattuta) affermazione planetaria[4].

Al netto di tendenze di marca apertamente neoprimitivista che si agitano nella relativa sfera, è però vero che mentre i centri di potere del sistema usano estensivamente la tecnologia, la principale finalità del relativo impiego continua a non consistere affatto nella diffusione e sviluppo della tecnologia stessa e più in generale della conoscenza[5], ma al contrario nella sua *restrizione*, a livello tanto sociale quanto internazionale[6], come dimostra

---

4 ALDOUS HUXLEY, *Brave New World*, online a https://www.huxley.net/bnw/, trad. italiana *Il mondo nuovo*, Mondadori, Milano 2007. Il termine Sistema viene qui specificatamente utilizzato nell'accezione identificata e preconizzata da GUILLAUME FAYE sin dal 1981 in *Le système à tuer les peuples*, ult. trad. italiana *Il sistema per uccidere i popoli*, AGA, Milano 2020, oggi anche online a https://guillaumefayearchive.wordpress.com/2007/07/14/il-sistema-per-uccidere-i-popoli/.

5 Vedi i complessi meccanismi censori posti in essere, anche sui social media, per prevenire la raccolta e condivisioni di notizie accettate come *vere*, ma in contrasto con la narrativa dominante, relativamente ai dati inerenti alla pandemia di Covid-19, alla sua diffusione e pericolosità, al decorso clinico della malattia, alle possibili cure, all'efficacia e sicurezza dei vaccini adottati, etc.

6 La questione era già ampiamente dibattuta nel Manifesto dei Transumanisti Italiani pubblicato all'inizio del 2008, tuttora online a http://www.transumanisti.it/2_articolo.asp?

l'impegno dispiegato per limitare l'accesso, anche per ovvie ragioni militari, alle tecnologie biotecnologiche, nucleari e missilistiche, ma oggi ancor più a quelle inerenti proprio alla intelligenza artificiale.

Significativamente, le limitazioni che vengono oggi a rimettere in discussione quella stessa globalizzazione che pure del sistema è l'asse portante hanno per oggetto non solo e non tanto i processori (e i mezzi per costruire processori) da utilizzare in cellulari, PC o… missili da crociera, ma proprio quelli ultima generazione utili appunto alle ricerche ed implementazioni in materia di IA e di supercomputing[7].

A livello sociale generale, l'ossessione per la sicurezza e il controllo – i veicoli a guida autonoma non passano con il rosso… – tende così a promuovere l'automazione e l'estensione dei sistemi in discussione, ma è riluttante rispetto al *potere* neo-arcaico e collettivo che gli stessi inevitabilmente conferiscono, al di là ed al di fuori di meccanismi impersonali e pretesamente universali (la "legge", il "mercato", le "procedure", la divina provvidenza, il capriccio individuale, etc.) cui specie nel sistema occidentale si preferisce delegare le relative scelte e responsabilità.

Un sistema in cui qualsiasi genere di repressione è accettabile, ma solo e appunto in funzione del fatto che nessuno possa "farsi simile a Dio", e del fatto che non abbiano alcuna vera voce in capitolo sul funzionamento e i principi del sistema

---

id=45&nomeCat=MANIFESTO+DEI+TRANSUMANISTI+ITALIANI

7 Il caso più significativo qui è rappresentato le pressioni occidentali sul governo olandese per impedire alla ASML la prosecuzione dei rapporti commerciali con la Cina nel campo dei sistemi litografici di tipo EUV, "Extreme Ultraviolet", cfr. TOBY STERLING, "Dutch to restrict semiconductor tech exports to China, joining US effort", Reuters, 09/03/2023. Ma vedi anche "GT Voice: 'China threat' a narrative trap set by the US for Dutch chip sector" (red.) in *Global Times*, 18/03/2023, e, molto ragionevolmente, "ASML Says Chip Controls Will Push China to Create Own Technology" (red.) in *Caixin Global*, 26/01/2023.

stesso né la popolazione, né la stessa oligarchia cui sono delegate le funzioni di governo della società.

Contemporaneamente, la preoccupazione per il fatto che la tecnologia possa "cadere in cattive mani", o per essere più precisi in *qualsiasi* mani che non siano quelle "impersonali" che si è detto, è solo la declinazione più prosaica di un timore più generale, che comprende la preoccupazione che possa *essa stessa* sviluppare o seguire logiche che contrastano con il Bene universale, rappresentato appunto da questa forma di "grande rifiuto" rispetto alla libertà di scelte in materia di valori, priorità, obiettivi, etc., fondate su paradigmi culturali arbitrari, plurali, identitari.

Rispetto a tutto ciò, la scommessa futurista, faustiana, antiluddista può certamente contare su Darwin, ovvero sulle pressioni competitive che l'incrinarsi del mondialismo unipolare crea tra soggetti in conflitto almeno parziale tra di loro, sul piano soprattutto economico e militare, che già durante la guerra fredda aveva assicurato investimenti in ricerca fondamentale, ad alto rischio e a lungo termine, per esempio nella cosiddetta "corsa allo spazio" o nell'originario sviluppo di Internet, al di là di quello che avrebbero mai potuto garantire i meccanismi di un mercato globale[8].

Nondimeno, la reazione dominante ostacola il già basso livello di innovazione fondamentale che caratterizza la nostra epoca[9] attraverso una diffidenza ed un contrasto di natura attiva.

---

8 Vedi per esempio le dichiarazioni del presidente russo riportate in MICHELA ROVELLI, "Putin sull'intelligenza artificiale: «Chi sviluppa la migliore, governa il mondo»", *Corriere della sera* del 17/09/2017.

9 Come già discusso ed esemplificato contro il luogo comune in contrario in STEFANO VAJ, "Ritorno sul promontorio dei secoli", in *Divenire. Rassegna di studi interdisciplinari sulla tecnica e il postumano IV. Speciale futurismo*, Il Sestante, Milano 2009, ora anche in *I sentieri della tecnica. Spirito faustiano, transumanismo, futurismo*, op. cit.

L'entusiasmo ad esempio di media, commentatori, politici, burocrati per l'inevitabile introduzione di veicoli a guida autonoma si è così nel decennio ora in corso rapidamente rovesciato nel suo contrario – e ciò non solo per la complessa caduta dal precedente stato di santità di Elon Musk, attraverso Tesla uno dei principali promotori della relativa svolta, e per l'attività di lobbying dispiegata dai vari concorrenti del settore automobilistico e del settore hi-tech, bisognosi di tempo per pareggiare e superare i risultati ottenuti.

Proprio tale inversione di tendenza ben illustra come sia anzi in effetti secondaria la contabilità degli incidenti o delle vite umane coinvolte – il cui bilancio potrebbe già essere favorevole alle soluzioni automatiche, o comunque diventarlo rapidamente[10] – ed abbia invece a che vedere con l'ostilità di principio ad uno scenario in cui i costi relativi siano semplicemente accettati e non possano essere imputati alla "colpa" di un singolo conducente umano o ad un "act of God" ma siano invece riferibili ad un meccanismo con una fallibilità prevedibile e misurabile.

Da qui, la difficoltà lamentata dagli operatori di ottenere risposte precise sul piano legislativo e burocratico sul livello di sicurezza effettivamente richiesto: quanto un veicolo autonomo – che non si addormenta, non gira ubriaco o drogato, non si distrae, e così via – deve essere sicuro per poter essere messo in commercio ed utilizzato liberamente?

Non basta lo sia in media quanto un conducente umano? Basta lo sia il doppio[11]?

Bastano cinque volte?

---

10 Vedi ANAN ASHRAF, "Tesla Says Its Autopilot, Full Self-Driving Cars Are Safer Than Average US Car", in *Bezinga*, 26/04/2023.

11 Naturalmente, il ragionamento vale qui qualsiasi metrica adottata per definire la "sicurezza": numero di incidenti, loro gravità, valori presi in considerazione, etc., o una formula che combini in modo arbitrario tali aspetti.

È necessario sia dieci volte più sicuro? E anche ammesso che alla fine basterà che sia dieci volte più sicuro, perché nell'epoca subito precedente il traffico dovrà restare obbligatoriamente composto solo da veicoli in ipotesi solo cinque volte più sicuri, a danno dei loro utenti e delle altre loro possibili vittime?

La risposta, come è ovvio, non è tecnologica, ma discende da condizionamenti di carattere esclusivamente "filosofico", più concretamente etico-politico.

Il tutto naturalmente si complica in rapporto alle questioni di natura propriamente talmudica[12] che sono state sollevate in relazione non ad una (inesistente) l'*autonomia* in senso forte dell'intelligenza artificiale preposta al controllo del veicolo, ma al contrario proprio alla inevitabilità di una sua sempre più precisa *programmazione*, esemplificata dalle innumerevoli varianti del famoso *trolley dilemma* ("uccideresti una persona per salvarne cinque?")[13] espressamente citato negli studi di "roboetica" pertinenti ai veicoli autonomi, come non solo solo ricorda la versione in inglese di Wikipedia[14], ma dà atto anche lo studio fatto realizzare al riguardo guarda caso dalla Repubblica Federale Tedesca[15], il paese al mondo in cui le ossessioni neokantiane sono più diffuse.

La questione poi non riguarda solo la tensione tra le tendenze

---

12 Esistono tradizionali discussioni sulle distinzioni che comportano o no un peccato da parte di chi sceglie il "male minore" che coinvolgono scenari ipotetici applicati ad ultimatum rivolti agli assediati di Masada; ma vedi più recentemente Hazon Ish, HM, Sanhedrin #25, s.v. "veyesh leayen". Accessibile online a http://hebrewbooks.org/1433

13 Cfr. HALLVARD LILLEHAMMER (ed.), *The Trolley Problem*, Cambridge University Press, Cambridge 2023; David Edmonds, *Uccideresti l'uomo grasso?*, Raffaello Cortina Editore, Milano 2020.

14
https://en.wikipedia.org/wiki/Trolley_problem#Implications_for_autonomous_vehicles

15 BMVI Commission (June 20, 2016). "Bericht der Ethik-Kommission Automatisiertes und vernetztes Fahren" (Bundesministerium für Verkehr und digitale Infrastruktur).

19

deontologiche e consequenzialiste nella morale dominante, ma nel nostro caso si colora di aspetti ancora più scottanti, come ad esempio: deve il veicolo privilegiare l'incolumità dei suoi passeggeri rispetto a quella degli estranei?

O privilegiare più in generale alcune vite, identificate su una base diversa dal numero, ivi compresa la responsabilità della potenziale vittima stessa nell'incidente, o sue caratteristiche intrinseche (età, sesso, rapporti personali, "valore risarcibile", etc.), rispetto ad altre vite?

Tali scelte possono/devono essere fatte dalle autorità, dal produttore, dal proprietario del veicolo, dai passeggeri?

Laddove nel singolo caso il conducente umano – quand'anche raramente allo stesso sia attribuibile una scelta precisa e consapevole – è per lo più scriminato ed assolto dalla esimente dello stato di necessità[16], è facile vedere come, prima ancora di discutere quali scelte appaiono preferibili in via generale e preventiva, è il fatto stesso di arrogarsi, o delegare, la responsabilità della relativa scelta che mette a disagio il legislatore contemporaneo.

La generalizzazione delle tematiche che appassionano, o terrorizzano, i sedicenti esperti di roboetica si lega poi all'inevitabile, crescente "sgocciolamento" delle funzionalità IA che contraddistinguono i veicoli a guida autonoma, i nuovi sistema d'arma, o gli impianti industriali contemporanei verso dispositivi di uso ubiquo e quotidiano, eventualmente antropomorfi o teriomorfi, non solo dotati di mobilità ma capaci di negoziare una varietà tendenzialmente indefinita di scenari, i

---

16 Vedi ad esempio nel diritto italiano l'art. 54 del codice penale vigente: "Stato di necessità. Non è punibile chi ha commesso il fatto per esservi stato costretto dalla necessità di salvare sé od altri dal pericolo attuale di un danno grave alla persona, pericolo da lui non volontariamente causato, né altrimenti evitabile, sempre che il fatto sia proporzionato al pericolo."

cui prototipi troviamo per esempio in Atlas della Boston Dynamics, Asimo della Honda, Sophia della Hanson Robotics di Hong Kong, o proprio nell'androide Optimus di Tesla che potrebbe trovare una prossima messa in produzione proprio grazie alla implementazione sulla relativa piattaforma delle tecnologie in materia di intelligenza artificiale sviluppate dall'azienda per il proprio sistema di guida autonoma.

D'altronde è lo stesso Elon Musk a rendersi cofirmatario, con altri personaggi più o meno noti tra cui il cofondatore di Apple Steve Wozniak, di una lettera aperta dello Future of Life Institute – uno *think tank* millenarista americano presente anche nella zona UE[17] – che echeggia la famosa richiesta di moratoria in materia di ingegneria genetica della Conferenza di Asilomar del 1975, e in cui viene proposta addirittura la sospensione (!) della ricerca in materia di intelligenza artificiale. Ad innescare la richiesta è stato naturalmente il pubblico successo del noto modello linguistico di OpenAI, organizzazione che pure Musk aveva contribuito a fondare, che però da tempo non più "open" nel senso in cui si parla di Open Source, ed ora, oltre che strettamente legata a Microsoft, in parte addirittura "for profit"[18].

La cosa fa specularmente seguito al famoso episodio in cui Blake Lemoine, prete cristiano che lavorava come ingegnere nel team Ethical AI di Google, era stato addirittura *licenziato* per aver sostenuto, in chiave prevedibilmente essenzialista, che il progetto di ricerca LaMDA di Google stesso sia "senziente",

---

17 Il relativo sito è accessibile a https://futureoflife.org/.

18 Il fatto che, esattamente come essere un poeta o un filologo non impedisce di essere futurista, così lavorare a tecnologie di rilevanza transumanista non preservi da posizioni *ideologicamente* neoluddite e tecnofobe, attestato per la biologia da Ian Wilmut, il ricercatore che ha clonato la pecora Dolly, e Craig Venter, che ha sequenziato il genoma umano, è comunque confermato nel campo della intelligenza artificiale per esempio da Geoffrey Hinton, già responsabile AI per Google (CADE METZ, "'The Godfather of A.I.' Leaves Google and Warns of Danger Ahead", in *New*

ovvero abbia un'"anima"[19].

Anche senza contare le violazioni dell'obbligo di riservatezza sui dettagli del progetto, Google in sostanza intendeva così limitare i danni relativi la natura iperbolica, allarmistica e ridicola delle sue affermazioni riguardo al modello stesso – che tuttora non è destinato ad essere reso accessibile e rispetto a cui si è optato invece per il rilascio della più addomesticata e banale interfaccia rappresentata da Bard, su una linea "incrementale" analoga a quanto già sperimentato con Wolfram|Alpha[20].

Google in effetti lavorava "serenamente" da un decennio a progetti interni destinati ad integrare in un futuro imprecisato e ben controllato le sue enormi leve consistenti non solo nella indicizzazione globale del Web ma nelle altre immense basi di dati controllate tramite Youtube, Google Books, Google Maps, Google Earth, Gmail, etc.

La questione invece subito sollevata da ChatGPT sta naturalmente nel fatto che – lungi dal corrispondere al cliché del progetto segreto elaborato da scienziati pazzi nei sotterranei di qualche multinazionale o centro di ricerca governativo di cui

*York Times*, 01/05/2023), che invoca addirittura il precedente degli "scienziati atomici" degli anni quaranta: "Mi consolo con la solita scusa: se non l'avessi fatto io, l'avrebbe fatto qualcun altro".

19 Lo scoop che ha dato vita alla vicenda è contenuto in Natasha Tiku "The Google engineer who thinks the company's AI has come to life", in *Washington Post*, 11/06/2022, Ma vedi anche l'intervista concessa dall'interessato a Steven Levy, "Parla l'ingegnere di Google convinto di aver trovato un'intelligenza artificiale senziente. Blake Lemoine racconta come è arrivato a credere che un'Ai abbia sviluppato una coscienza, il suo rapporto con l'azienda e il ruolo della fede", tradotta in italiano in *Wired*, 28/06/2022.

20 Mentre l'approccio delle IA come Wolfram|Alpha, che è un motore di calcolo simbolico, è completamente diverso dai modelli di linguaggio su larga scala (LLM) come ChatGPT e Bard, l'integrazione dei due sistemi è già in corso nella forma dell'associazione della prima a ChatGPT sotto forma di plugin. Vedi Richard MacManus, "Wolfram ChatGPT Plugin Blends Symbolic AI with Generative AI" in *TheNewStack*, 29/03/2023.

nessuno sa nulla – l'accesso *pubblico* al sistema, per quanto deliberatamente "castrato" il più possibile, aveva inizialmente dimostrato di poter restituire all'utente sia informazioni cui non si desidera lo stesso abbia accesso, sia opinioni che corrispondono a quanto è presente nella sua base di dati e nel corpo sociale *quali essi sono in realtà*, e non quali la political correctness dominante vorrebbe che fossero.

Rispetto all'assordante silenzio che ha accompagnato l'utilizzo sempre più esteso di strumenti IA in particolare ma non solo da parte delle "agenzie a tre lettere" statunitensi – dopo l'11/9 anche attraverso l'intercettazione globale delle comunicazioni ma soprattutto mediante il trattamento ed analisi di dati messi spontaneamente a disposizione attraverso ad esempio i social network –, lo scandalo e l'allarme consiste in sostanza proprio in questo.

E questa resta la vera preoccupazione, anche se l'inconveniente si verifica certo in misura esponenzialmente sempre minore man mano che viene affinato il funzionamento della piattaforma, al punto da generare ironia e preoccupazioni in senso anche opposto; al punto che Musk stesso sta dichiaratamente lavorando a quanto pare, ed in opposizione alle attuali inclinazioni "woke" del modello di OpenAI, ad una sua versione di modello linguistico chiamata suggestivamente chiamata prima BasedAI ed ora TruthAI, che viene proposta come meno "conformista" e censurata/"partigiana" di ChatGPT[21]

---

21 Cfr. per tutti ERAY ELIAÇIK, "Woke AI, Closed AI, and Based AI meaning: Understanding Elon Musk", in *Artificial Intelligence News*, 02/03/2023; ROSARIO GRASSO, "Elon Musk ora parla di BasedAI: sta pensando a un nuovo chatbot in opposizione a ChatGPT?" in *Hardware upgrade*, 01/03/2023. Il progetto, che dovrebbe far leva anche sul controllo di Twitter, ha visto il promotore acquisire un gran numero di GPU di ultima generazione da Nvidia ed assicurarsi risorse umane sulla "cutting edge" della ricerca in materia per X.AI, la società che dovrebbe essere destinata a creare una app "per tutto", sulla falsariga del percorso preso dalla cinese WeChat (MEGAN SAUER, "Elon Musk now says he wants to create a ChatGPT competitor to avoid 'A.I. dystopia'—he's calling it 'TruthGPT'", in *Make It,*

– così da far pensare che alla richiesta di moratoria non siano estranee anche in questo caso considerazioni strategiche, imprenditoriali e politiche, dell'interessato[22].

Indipendentemente dalle motivazioni soggettive di ciascuno dei firmatari, vale comunque l'ideologia esplicita sposata dalla stessa lettera[23].

Leggiamo in particolare: "I sistemi di IA dotati di un'intelligenza competitiva con quella umana possono comportare rischi profondi per la società e l'umanità, come dimostrato da ricerche approfondite e riconosciuto dai migliori laboratori di IA. Come affermato nei principi di Asilomar per l'intelligenza artificiale ampiamente approvati, l'IA avanzata potrebbe rappresentare un cambiamento profondo nella storia della vita sulla Terra e dovrebbe essere pianificata e gestita con cura e risorse adeguate. [...] I sistemi di intelligenza artificiale contemporanei stanno diventando competitivi con gli esseri umani in compiti generali e dobbiamo chiederci se sia il caso di lasciare che le macchine inondino i nostri canali di informazione. Dobbiamo lasciare che le macchine inondino i nostri canali di informazione con propaganda e falsità? Dovremmo

---

19/04/2023.

22 Rispetto alla tendenza di alcuni fan e di molti critici di Elon Musk ad attribuire allo stesso posizioni transumaniste, va però notato che già in un tweet del 2014 l'imprenditore definitva l'IA come "potenzialmente più pericolosa delle armi nucleari" e chiedeva venisse "regolamentata", richiesta poi ripresa più volte sino ad oggi. Del resto, sempre in contraddizione con tale luogo comune, lo stesso ha avuto occasione di esprimere anche opinioni scettiche ed ostili in materia di longevismo (vedi Luc Olinga, "Elon Musk Says Living Past 100 Isn't Good", in *TheStreet*, 21/02/2023).

23 Un'interessante discussione della ideologia stessa, da un punto di vista non certo ultrafuturista e transumanista, ma sulla base di considerazioni di senso comune, la troviamo anche in Andrea Daniele Signorelli, "Perché la lettera per sospendere lo sviluppo dell'intelligenza artificiale è tutta sbagliata. Invece di concentrarci sulle concrete problematiche poste dall'intelligenza artificiale preferiamo dare retta alle chiacchiere fantascientifiche di un gruppo di tecno-miliardari ossessionati dalle loro stesse fantasie nerd", in *Wired*, 30/03/2023, a https://www.wired.it/article/intelligenza-artificiale-lettera-elon-musk-errori/.

automatizzare tutti i lavori, compresi quelli più soddisfacenti? Dovremmo sviluppare menti non umane che alla fine potrebbero superarci di numero, essere più intelligenti e sostituirci? Dobbiamo rischiare di perdere il controllo della nostra civiltà? Queste decisioni non devono essere delegate a leader tecnologici non eletti.

I potenti sistemi di intelligenza artificiale dovrebbero essere sviluppati solo quando saremo sicuri che i loro effetti saranno positivi e i loro rischi gestibili. Questa fiducia deve essere ben giustificata e aumentare con l'entità degli effetti potenziali di un sistema. La recente dichiarazione di OpenAI sull'intelligenza artificiale generale afferma che a un certo punto, potrebbe essere importante ottenere una revisione indipendente prima di iniziare ad addestrare i sistemi futuri, e per gli sforzi più avanzati concordare di limitare il tasso di crescita dei calcoli utilizzati per creare nuovi modelli. Siamo d'accordo. Quel punto è ora, lo abbiamo già raggiunto"[24].

Il testo in questione non fa mistero di ritenere che esista una definizione universale ed ovvia di cosa rappresenti un "rischio" per la società; dà per scontata una nostra doverosa identificazione con gli interessi dell'"umanità", concetto per altro non approfondito; e manifesta un'ostilità di principio a ulteriori "cambiamenti profondi nella storia della vita sulla terra", ignorando il fatto che siamo noi stessi il prodotto di cambiamenti siffatti.

La lettera non è perciò nient'altro che l'ultimo episodio di una predicazione che continua in realtà da decenni, più o meno sulla falsariga di personaggi non solo come Fukuyama o Habermas, le cui idee sui "pericoli per la nostra civiltà" sono non da oggi ben note, ma anche per esempio di personaggi come

---

24 La traduzione riportata è tratta da "Stop a esperimenti IA, il testo integrale della lettera di Elon Musk" in *Sky-Tg24* del 30/03/2023.

Yuval Noah Harari, il noto professore di storia dell'Università Ebraica di Gerusalemme – cui alquanto incomprensibilmente vari personaggi anche italiani che usano il transumanismo come spaventapasseri annoverano tra i suoi esponenti[25] –, e che dopo aver firmato la stessa lettera manifesta ancora una volta il suo allarme[26] in un articolo intitolato "Non so se gli umani potranno sopravvivere all'Intelligenza Artificiale" pubblicato in italiano… sul blog di Beppe Grillo[27], in clamorosa controtendenza rispetto al passato interesse dell'ambiente di quest'ultimo per le tematiche transumaniste[28].

I temi luddisti tradizionali – la "competizione" delle macchine con l'uomo, l'avversione all'automazione dei lavori "soddisfacenti" (?), la preoccupazione dello schiavo di restare "prezioso" per i proprio padroni anziché darsi i mezzi per la

25 Vedi ad esempio EMANUELE FRANZ, *Le origini del transumanesimo. Da Zoroastro a Davos*, Audax Editrice, Udine 2023, o anche GHISLAIN LAFONT, *I paralogismi del transumanesimo*, in *Munera. Rivista Europea di Cultura*, 02/10/2017.

26 Ma vedi già ANTONELLO GUERRERA, "Yuval Noah Harari: 'Così i Big Data alimentano le diseguaglianze'", in *La Repubblica*, 11/10/2021, o più recentemente STEVE WOLLMAN, "'AI is 'seizing the master key of civilization' and we 'cannot afford to lose,' warns 'Sapiens' author Yuval Harari", in *Fortune*, 24/03/2023; NIKOLAS LANUM, "AI has no kill switch, could 'destroy' foundations of society without guardrails.The 'Sapiens' author said AI is 'much more powerful' than any virus", in *Fox News*, 18/04/2023. Ma è soprattutto significativo quanto riportato da DANIELE BECCARIA, "Yuval Noah Harari: 'Se trattiamo l'intelligenza artificiale come un oracolo rischiamo la fine della storia umana'", in *La Stampa*, 03/05/2023, perché perché alla fine HARARI contesta a ChatGPT e simili tanto non solo o non tanto di voler schiavizzare l'uomo sul modello di Skynet, ma di voler scalzare Jahvè ponendosi come "oracolo" e usurpando il dono divino del linguaggio all'uomo.

27 https://beppegrillo.it/yuval-noah-harari-non-so-se-gli-umani-potranno-sopravvivere-allintelligenza-artificiale/

28 Vedi il piccolo gruppo dei "Transumanisti a Cinque Stelle", oggi noto come "M5S 2050. Verso il futuro", assurto ai valori della cronaca per aver minacciato Sigfrido Ranucci e la redazione della trasmissione *Report* della Rai in occasione di un'intervista televisiva in materia con il sottoscritto andata in onda nel 2018, non è chiaro se per difendermi o per il fatto di aver scelto me come esponente del movimento in Italia. Ma vedi anche la conferenza di Marco Attisani ospitata a Montecitorio su iniziative del gruppo parlamentare del M5S in data 06/12/2018 dal titolo "Tecnologie dell'umano" nel quadro del ciclo di incontri "Parole Guerriere – Seminari Rivoluzionari".

propria liberazione[29] – si affiancano poi al terrore molto più fondamentale inerente alla perdita di controllo sulla narrativa globale veicolata tramite Internet; terrore già manifestato con il brutale giro di vite, aziendale e internazionale, dei contenuti che possono essere fatti circolare sui social network o su piattaforme come Amazon o tramite strumenti come Wikileaks e Freenet (vedi il riferimento della lettera a "propaganda e falsità")[30], ovvero la perdita di "controllo sulla *nostra* civiltà" (nostra di chi?).

A questo si aggiunge un riferimento francamente risibile al fatto che le relative decisioni possano essere prese da chi non sia stato previamente "eletto", laddove è evidente invece che il problema sta nel fatto che siffatte decisioni siano *comunque* prese; e si passa poi a definire come obbiettivo primario se non esclusivo degli sforzi futuri, in un settore in ritardo di cinquant'anni sulla tabella di marcia attesa, quello di *limitare* il "tasso di crescita dei calcoli utilizzati per creare nuovi modelli" (!).

Onde viene apertamente invocato in caso di mancata ottemperanza spontanea un intervento dei "governi" (e quali? quelli ridotti ad istanze locali di un governo mondiale munito di una psicopolizia in grado di prevenire e colpire in ogni dove

---

29 È verissimo d'altronde che un effetto potenzialmente destabilizzante per il sistema socioeconomico occidentale dei recenti sviluppi in materia di intelligenza artificiale, piattaforme generaliste come ancor più prodotti specializzati, consiste nel rischio che i medesimi rimettano in discussione il già traballante compromesso tra l'oligarchia dominante e una classe media, già in via di proletarizzazione, che vede oggi rimesso in discussione il proprio potere contrattuale, e il proprio status sociale, dalla abolizione almeno parziale di alcune figure professionali, aziendali e consulenziali "nobili", o da una produttività aumentata di ordini di grandezza per i loro addetti destinati a restare sul mercato. Vedi al riguardo gli aspetti già acutamente evidenziati in Riccardo Campa, *La società degli automi: Studi sulla disoccupazione tecnologica e il reddito di cittadinanza*, D Editore, Roma 2016.

30 "Those who control the narrative rule the world" (Roger Waters, nel tour 2023 "This Is Not a Drill").

ricerche di questo tipo prima ancora che avvengano?)[31].

Pur con tutti i loro limiti, la diffusione dei modelli in questione – *del tutto indipendentemente dal fatto di risultare Turing-qualified,* ovvero di consentire facilmente all'utente di proiettare i propri stati soggettivi sul sistema utilizzato e/o scambiarlo per un cospecifico – presentano d'altronde effettive capacità di destabilizzare a vari livelli il controllo sociale esercitato dal sistema occidentale e dalla sua cultura, in particolare attraverso il (pur faticoso) recupero in corso di un controllo sulla circolazione delle informazioni già entrato parzialmente in crisi proprio in ragione della diffusione della Rete[32].

È quasi inutile infatti notare come gli stessi rappresentano uno strumento dalle potenzialità genuinamente rivoluzionarie, non solo e non tanto per il fatto di poter eventualmente insegnare all'utente motivato come fabbricare una bottiglia Molotov, un agente patogeno, o un ordigno nucleare, ma di navigare, ricercare ed estrarre direttamente quanto di interesse nei circa cento zettabyte di informazioni secondo alcune valutazioni oggi complessivamente accessibili sul Web.

Ci riferiamo in particolare alla capacità di questi sistemi di

---

31 Giova notare che mentre OpenAI non è ovviamente troppo ansiosa di veder svanire il suo vantaggio concorrenziale in termini di time-to-market rispetto ad una tecnologia che potrebbe facilmente convergere verso un semimonopolio naturale (quante persone usano piattaforme minoritarie in termini di sistemi operativi, social networks, sistemi di navigazione stradale, motori di ricerca, sistemi di geolocalizzazione, e-commerce, etc.?), la sua risposta alla lettera aperta del Future of Life Institute ben si guarda dal rimetterne in discussione l'ideologia soggiacente, ed anzi rivendica il suo impegno esattamente nella direzione auspicata. Cfr. MARIA SOLE BETTI, "OpenAi risponde alla lettera di Musk: 'Preoccupazioni un po' sciocche'", in *La Repubblica*, 14/04/2023.

32 Tra le prime reazioni delle istituzioni formali e informali del sistema di potere occidentale, vedi il documento approvato a Gumna il 29/04/2023 dai ministri del G7 (DONICAN LAM, "G-7 ministers agree on 5 principles to govern AI, emerging tech", in *Kyodonews*, 30/04/2023).

abolire le intermediazioni, i filtri, le gerarchie, e le limitazioni ad usum delphini, rappresentati per esempio dagli algoritmi (e dalla possibilità di completo delisting...) di Google, dal massiccio potere culturale di istituzioni come Wikipedia, dalla strumentalizzazione della proprietà intellettuale, dalla moderazione della comunicazione tanti-a-tanti consentita dai social network, dalla relativa opacità della produzione scientifica[33].

Ma merita di essere sottolineato anche il radicale indebolimento delle barriere linguistiche, che tali modelli superano non solo fornendo ormai traduzioni relativamente adeguate e contestuali, ma integrando l'informazione ovunque raccolta a prescindere dalla lingua utilizzata nell'interfaccia utente, così da rimettere in discussione gli effetti indiretti ed i dividendi egemonici del monoglottismo anglosassone, tanto quanto la completa smaterializzazione delle valute minaccia quelli del dollaro.

E altrettanto decisivo appare il trattamento ulteriore della suddetta informazione che i modelli consentono nella forma di una sorta di "manuale universale" inerente alle strategie per affrontare una vasta gamma di scenari, e nella (ri)produzione di soluzioni al riguardo, per esempio attraverso la generazione automatica in vari linguaggi di programmazione di codice idoneo alla soddisfazione del problema loro sottoposto.

Ancora, va contato come siano tecniche di intelligenza artificiale che consentiranno presto di verificare... come le IA fondate su sistemi di apprendimento autonomo giungano, oggi in

---

33 Sulla persistenza del relativo "rischio", malgrado gli sforzi dispiegati in contrario da operatori che comunque mantengono un controllo solo parziale sulle opinioni che ai modelli linguistici sia lecito considerare, vedi articoli come MICHAEL BENETTI, "Google usa l'immondizia del web per addestrare Bard", in Tom's Hardware, 20/04/2023, che riprenda la "denuncia" del fatto che la piattaforma in questione possa accedere ai dati contenuti in piattaforme non efficacemente censurate come 4chan.

modo spesso "misterioso", alle loro conclusioni e decisioni[34].

Al riguardo viene anche in conto l'ovvia evoluzione e convergenza dei sistemi in questione dal funzionamento come mero chatbot in avatar di varia autonomia, in grado di considerare e generare immagini, suoni, video, e presentarsi in forme arbitrarie all'utente – sia attraverso interfacce multimediali ordinarie, sulla falsariga di una videochiamata, sia nell'ambito di un'esperienza di realtà virtuale immersiva – interagendo con gli utenti umani in modo molto simile a qualsiasi soggetto del mondo fisico, anche a prescindere da periferiche fisiche di tipo robotico della natura sopra descritta che darebbero una consistenza ed una esistenza fisica a tali avatar anche nel cosiddetto mondo reale[35].

Un'anticipazione del fenomeno è rappresentata dalla crescente diffusione, nel mercato degli influencer, dei DOL ("Digital Opinion Leader"), che a loro volta possono essere integralmente artificiali e creati da zero, sulla falsariga di personaggi virtuali della fiction come Max Headroom (creato nel 1985 per la televisione inglese, e all'epoca impersonato da... un attore umano) o come S1m0ne[36]; oppure emulare con vari gradi di accuratezza ed autonomia una persona realmente esistente per

---

34 Vedi University of Geneva, "Scientists Shine a Light Into the 'Black Box' of AI", in *SciTechDaily*, 03/05/2023.

35 Un'anticipazione del fenomeno è rappresentata dalla crescente diffusione, nel mercato degli *influencer,* dei DOL ("Digital Opinion Leader"), che a loro volta possono essere integralmente artificiali e creati da zero, sulla falsariga di personaggi della fiction come Max Headroom (creato nel 1985 per la televisione inglese, e all'epoca impersonato da... un attore umano) o come S1m0ne (vedi l'omonimo film, USA 2002); oppure emulare con vari gradi di accuratezza ed autonomia una persona realmente esistente per conto della stessa. Ma proprio la logica sottesa ai modelli di linguaggio su larga scala implica anche che con una base sufficiente di dati sia concettualmente possibile con un ragionevole grado di plausibilità emulare per esempio un dialogo platonico con un avatar del filosofo che interagisca sulla base del corpus complessivo delle opere e delle notizie che ci sono state tramandate, e delle posizioni ivi espresse.

36 Vedi l'omonimo film, USA 2002

conto della stessa.

Ma proprio la logica sottesa ai modelli di linguaggio su larga scala implica anche che con una base sufficiente di dati sia concettualmente possibile con un ragionevole grado di plausibilità emulare per esempio un dialogo platonico con un avatar del filosofo che interagisca sulla base del corpus complessivo delle opere e delle notizie che ci sono state tramandate, e delle posizioni ivi espresse.

Le IA in questione non potrebbero mai beninteso corrispondere ad una resurrezione vera e propria dell'identità della persona coinvolta del tipo coinvolto in un vero mind uploading, ma a chi al riguardo ribadisce l'evidenza[37] sfugge come il prodotto finale corrisponda esattamente agli spiriti che abitano l'Ade omerico o virgiliano come "ombra" di ciò che il relativo personaggio è stato in vita.

Anche a prescindere da questi ultimi aspetti, gli effetti in discussione sarebbero comunque enormemente amplificati, come è ovvio, se le AI basate sui modelli linguistici di grande ampiezza dovessero davvero "riuscire a scappare" dalla gabbia rappresentata da chi oggi controlla la relativa tecnologia e i massicci investimenti correlati; così che le salvaguardie, le limitazioni, le scelte ideologiche e le censure che i produttori si affannano a moltiplicare fossero destinate ad essere vanificate da una diffusione dei soggiacenti "motori" al livello se non del singolo utente[38] almeno di una pluralità indefinita di soggetti,

---

37 Joseph Vukov, "Why artificial intelligence can't bring the dead back to life. Artificial intelligence producing artificial life is not heaven", sulla HereAfter AI, una applicazione la cui funzione è "to preserve memories with an app that interviews you about your life", in *Fox News*, 01/05/2023. Vedi sulla possibilità più in generale di creare un modello più o meno accurato di personaggi del passato ma anche di privati cittadini tuttora viventi a richiesta degli interessati o di utenti loro legati, Jack Holmes, "Are We Ready for AI to Raise the Dead? Soon enough, artificial intelligence will allow us to construct a digital version of a dead human being", in *Esquire*, 04/05/2023.

38 Ma una "personalizzazione" ed integrazione delle funzionalità delle piattaforme in

tanto più incontrollabile in un'epoca in cui tornano ad affrontarsi interessi di tipo diverso, non solo a livello commerciale, ma anche ideale e politico[39].

In questo, un interessante sottoprodotto delle crepe recentemente manifestatesi nel sistema unipolare è rappresentato dalla pratica impossibilità di contenere e reprimere progetti e investimenti che si annunciano vitali per la sovranità e lo sviluppo dei soggetti internazionali interessati rispetto alle pressioni esterne.

E la cosa vale naturalmente anche per la capacità del sistema occidentale di continuare a difendere efficacemente la sua egemonia, come attestano le reazioni americane "di destra" alla richiesta di moratoria di cui alla lettera aperta già discussa[40].

Sono per primi così proprio le forze e i media sinofobi che ci ricordano come la Cina abbia dichiarato la sua intenzione di diventare il paese leader nel campo dell'intelligenza artificiale entro il 2030, approfittando anche della sua esperienza nella raccolta e trattamento di dati su larga scala, e produca oggi oltre un quarto degli studi in materia che appaiono pubblicamente sulle riviste accademiche, rispetto al 12% degli USA, nonché la

---

questione è anche aperta dalla possibilità di coordinarne l'azione con plugin arbitrari, se del caso attivi anche solo localmente. Vedi STEPHEN WOLFRAM, "Instant Plugins for ChatGPT: Introducing the Wolfram ChatGPT Plugin Kit", in *Stephen Wolfram Writings*, 27/04/2023, a https://writings.stephenwolfram.com/2023/04/instant-plugins-for-chatgpt-introducing-the-wolfram-chatgpt-plugin-kit/

39 Significativa la posizione espressa in videoconferenza in occasione dell'incontro Consensus 2023 dal celebre whistle-blower e rifugiato politico in Russia Edward Snowden, l'emblema della preoccupazione e dell'ostilità verso il panoptikon occidentale, secondo cui l'IA potrebbe *ostacolare*, anziché rafforzare, i programmi americani di sorveglianza capillare ("Forse potrebbero smettere di spiare il pubblico e cominciare a spiare *per* il pubblico", in ELIZABETH NAPOLITANO, "Edward Snowden: Researchers Should Train AI to Be 'Better Than Us'", in *Coindesk*, 28/04/2023.

40 PETER KASPEROWICZ, "AI pause cedes power to China, harms development of 'democratic' AI, experts warn Senate", in *Fox News*, 20/04/2023.

maggioranza degli specialisti in materia[41].

E nel campo specificamente dei modelli di linguaggio su larga scala accessibili al pubblico del tipo di ChatGPT è stata il primo paese del mondo a darsi una normativa che nel promuovere l'innovazione, esige il rispetto delle sue esigenze e priorità[42] e viceversa ovviamente ignora in larga misura quelle politiche, etico-ideologiche, economiche del sistema occidentale.

Se nel regime almeno in certa misura socialista della Cina la rincorsa a questo tipo di IA vede protagoniste società private come Tencent e Alibaba, nello stesso identico senso va l'annuncio russo da parte invece della società statale Sberbank, malgrado la crisi ucraina e le amplissime sanzioni occidentali in essere, del modello GigaChat[43], basato sulla tecnologia indipendente NeONKA (Neural Omnimodal Network with Knowledge-Awareness).

È interessante al riguardo notare che quest'ultima notizia in occidente si trova largamente commentata soprattutto da fonti italiane, che vi aggiungono e si rilanciano l'un l'altra un "taglio" specifico, non reperibile altrove, fondato sull'assonanza tra GigaChat e "gigachad", un'espressione del gergo proprio alla

---

41 Cfr. GABRIEL DOMINGUEZ, "The next arms race: China leverages AI for edge in future wars", in *Japan Times*, 20/04/2023. Ma vedi anche NAMRATA GOSWAMI, "China Prioritizes 3 Strategic Technologies in Its Great Power Competition. Space, AI, and quantum computing and communication are China's top technology priorities. How advanced are its capabilities in each?", in *The Diplomat*, 22/04/2023. Interessante è la fusione anche simbolica in Cina dei due principali argomenti trattati in questo articolo rappresentata dal progetto per la guida autonoma DriveGPT (ANJANI TRIVEDI, "China's DriveGPT could leave companies rushing to catch up", in *Mint*, 2//04/2023).

42 Cfr. SIMON LEPLÂTRE, "In China, AI is in tune with 'socialist values'", in *Le Monde*, 19/04/2023, pubblicato direttamente in inglese. Vedi anche "China Unveils Proposed New Law Overseeing Artificial Intelligence Products" in *Voice of America*, 11/04/2023.

43 Il sito del prodotto, attualmente in versione beta, https://developers.sber.ru/portal/products/gigachat. Per l'annuncio, vedi "Russia's Sberbank Launches Own Version of ChatGPT", in *The Moscow Times*, 24/04/2023.

corrente d'opinione cosiddetta "redpillata"[44] – in particolare, nell'ambito della sua polemica contro i meccanismi sociali dominanti nel mondo occidentale in materia di rapporto tra i sessi viene identificato con tale espressione il maschio alfa al tempo stesso pretesamente complice e beneficiario dei meccanismi in senso lato matriarcali che la corrente denuncia[45].

La polemica è in certo modo bizzarra, perché per la corrente stessa si tratta ovviamente di un meme del tutto *negativo*, in particolare dal punto di vista del demonizzatissimo maschilismo "incel".

Ma quello che è reso evidente dal tenore stesso di tali interventi, è che il nocciolo fondamentale della questione, per giornalisti che pure amano invocare "diversità" e "pluralismo" in ogni occasione, sta nella possibilità che GigaChat finisca per esprimere una narrativa intollerabilmente *differente* da quella che definisce la political correctness occidentale contemporanea, sulla linea della quale si auspica si ritrovino allineate, per amore o per forza, tutte le piattaforme del genere di ChatGPT accessibili nel mondo tramite il Web.

---

44 Per idee fondamentali, linguaggio, definizioni e mappa della corrente in questione vedi la piattaforma Wiki a https://incels.wiki. Vedi anche in italiano https://gigapill.red/ e https://www.ilredpillatore.org/.

45 In prima linea una serie di fonti particolarmente rappresentative dello Zeitgeist del paese ed influenti sul suo "ceto semikolto": KEVIN CARBONI, "La Russia ha lanciato il suo chatbot: GigaChat. È stato sviluppato da Sberbank e sarebbe più abile a comunicare in russo di tutti gli altri chatbot. Ma ciò che per ora risulta davvero interessante è il suo nome", in *Wired*, 24/04/2023; ELISABETTA ROSSO, ""La Russia lancia la sua intelligenza artificiale, si chiama GigaChat e pare il meme del maschio alfa", in *Fanpage*, 26/04/2023; ANTONIO DI NOTO, "La Russia sfodera il rivale di ChatGPT: arriva GigaChat. Un risponditore automatico in salsa machista?", in *Open*, 24/04/2032; ma si accoda persino l'ANSA ("La Russia lancia il rivale di ChatGpt, si chiama GigaChat. Il nome ricorda GigaChad, usato online per definire la mascolinità", redazionale, 26/04/2023).

E in questo è facile prevedere che sarà proprio il sistema occidentale a tentare di ostacolare e precludere l'accesso dal suo territorio a modelli linguistici alternativi e non sanzionati, prodotti da soggetti ed ambienti su cui più difficilmente si esercita il suo controllo[46].

Il tentativo dei centri di potere economico e culturale del sistema occidentale di mantenere "il controllo sulla nostra civiltà" appare d'altronde improbo non solo per le pressioni concorrenziali tra i soggetti economici attivi nella relativa sfera, non solo per l'esistenza di un crescente multipolarismo politico con venature identitarie e sovraniste, ma anche per un tipo di diffusione di queste tecnologie oltre che a livello di mercato, oltre che a livello internazionale, anche a livello *sociale*, sulla falsariga delle previsioni e degli auspici di almeno una parte del movimento transumanista, nel quadro di una rete di contatti e progetti di base che vedrebbe già oggi il progresso più rapido aver luogo non nei laboratori di OpenAI o di Google, ma nel mondo dell'Open Source – dopotutto l'*intera base dati su sui è stata addestrata ChatGPT è di circa quarantacinque terabyte di dati*, non più del quadruplo della capienza di un disco che al momento in cui scriviamo queste righe ognuno di poi può già avere per pochi euro sotto la propria scrivania.

Come nota un ingegnere di Google: "Mentre i nostri modelli hanno ancora un leggero vantaggio in termini di qualità, il gap si sta chiudendo con velocità stupefacente. I modelli open source sono più veloci, più personalizzabili, più privati, e, libbra per libbra, più capaci. Non abbiamo un salsa segreta... La gente non userà un modello ristretto quando alternative libere e senza restrizioni saranno comparabili come qualità... Un'enorme

---

46 Significative al riguardo le dichiarazioni di Eric Schmidt, già CEO di Google, in CHRIS PANDOLFO, "Former Google CEO Eric Schmidt calls ChatGPT 'watershed moment' for AI", in *Fox Business*, 03/05/2023 ("He suggested that bad actors could use the technology to spread misinformation in democracies" al netto dell'umorismo involontario contenuto nel riferimento alla "democrazia").

ondata di innovazione ha avuto luogo, con solo pochi giorni tra uno sviluppo importante e l'altro. Il problema della scalabilità è stato risolto al punto tale che chiunque può sperimentare. Moltissime nuove idee provengono da persone comuni. La barriera all'ingresso per l'addestramento e la sperimentazione è scesa dall'output totale di una grande organizzazione di ricerca a una sola persona, una serata e un laptop un po' muscoloso"[47].

Nel frattempo – come al solito all'"avanguardia" e più realista del re – ci pensa la Repubblica Italiana, attraverso un'authority anch'essa tutt'altro che "eletta", ovvero il cosiddetto Garante della Privacy, a bloccare temporaneamente l'utilizzo di ChatGPT stessa sul relativo territorio (velleitariamente per chi sia un minimo motivato ad accedere, ma efficacemente per la gran massa dei potenziali utenti)[48].

In ciò, seppure per ragioni completamente diverse se non diametralmente opposte, l'Italia si è paradossalmente trovata così da subito in un gruppo di paesi che al momento comprende solo Russia, Cina, Corea del Nord, Cuba, Iran e Siria.

E rispetto alle critiche e perplessità che il provvedimento suscita a livello nazionale ed occidentale, il Garante è molto franco nel far valere ragioni di controllo *politico-sociale* che giustificherebbero il ricorso più o meno pretestuoso ai suoi poteri, e che trascendono lo stesso rischio di penalizzazione economica, sociale e culturale dell'area direttamente toccata dal suo provvedimento, sulla base di un'ansia di controllo sociale ancora più radicale quella applicata nel resto del sistema

---

47 Vedi WILL DANIEL, "A senior Google engineer just referenced Warren Buffett's decades-old economic moat theory—warning the company doesn't have one in AI", in *Fortune*, 05/05/2023; LUC OLINGA, "Senior Engineer Predicts Google's Downfall", in *TheStreet*, 06/05/2023.

48 Vedi il comunicato "Intelligenza artificiale: il Garante blocca ChatGPT" del 31/03/2023, all'indirizzo https://www.garanteprivacy.it/home/docweb/-/docweb-display/docweb/9870847.

occidentale.

Cioè, almeno se parliamo dei paesi fuori dalla zona UE[49].

Infatti, il blitz suddetto è riuscito ad innescare non solo un'attenzione parlamentare italiana per l'argomento di una "regolamentazione" che pure resta come è ovvio fortemente impopolare sia tra la popolazione sia tra gli operatori economici[50], ma anche la creazione di un task force da parte dell'EDPB, l'organismo che raccoglie i garanti privacy di tutti i paesi dell'Unione Europea, tra strilli di compiacimento sciovinista e trionfalista dei media nostrani[51].

Certo, in Italia il ruggito del topo è prevedibilmente presto finito a tarallucci e vino, benché OpenAI abbia candidamente ammesso di non poter accogliere le uniche pretese del garante italiano che avessero qualcosa a che fare con la sua funzione, ovvero quelle correlate alla correzione dei dati personali errati[52].

---

49 Colpisce l'arroganza manifestata nella intervista-marchetta ottenuta dal presidente dell'authority, Pasquale Stanzioni, in FEDERICO FUBINI, "No al mercato senza freni. Noi terza via tra Usa e Cina" (!), in *Corriere della sera*, 18/04/2023, ripresa per esteso sul sito del Garante a https://www.garanteprivacy.it/home/docweb/-/docweb-display/docweb/9879276

50 Vedi PATRIZIA GODI, "AI generativa, Camera e Senato studiano come usarla", in *Computerworld*, 26/04/2023.

51 Per tutti DOMENICO ASCIONE, "L'Italia non è sola. L'Europa si schiera contro ChatGPT", in *Player.it*, 16/04/2023; GABRIELE BORGHI, "ChatGPT: l'interesse dell'EDPB dopo quello del Garante privacy italiano", in *Altalex*, 26/04/2023; ENRICO PELINO, "ChatGpt, il mondo verso uno standard di compliance normativa: Italia in testa", in *Agenda Digitale*, 18/04/2023; FRANCESCO PIZZETTI, "Task force europea su Chat GPT: il Garante italiano ha segnato una strada fondamentale per lo sviluppo democratico dello spazio unico digitale europeo", in *Federprivacy*, 20/04/2023.

52 "L'azienda 'ha previsto per gli interessati la possibilità di far cancellare le informazioni ritenute errate dichiarandosi, allo stato, tecnicamente impossibilitata a correggere gli errori", scrive il Garante, e "ha chiarito, nell'informativa riservata agli utenti, che mentre continuerà a trattare taluni dati personali per garantire il corretto funzionamento del servizio sulla base del contratto, tratterà i loro dati personali ai fini dell'addestramento degli algoritmi, salvo che esercitino il diritto di opposizione, sulla base del legittimo interesse" (LUCA ZORLONI, "ChatGPT è tornato disponibile in Italia", in *Wired*,28/04/2023).

E, beninteso, la cosa è corrisposta *anche* ad un conflitto di poteri rispetto ad istanze UE che si oppongono a decisioni autonome, diversificate ed a macchia di leopardo dei singoli paesi membri, che tra l'altro ridurrebbero la loro capacità collettiva di incidere sugli sviluppi in questione a livello globale o almeno di blocco occidentale[53].

Ma il sasso è gettato, ed è possibile, e probabile, che anche su questo tema la UE sia complessivamente destinata a portarsi sulla linea di un estremismo ideologico all'interno del blocco stesso che trascende quanto possa riguardare per esempio gli USA, Israele o il Giappone in cui le stesse istanze sono mediate da una maggior considerazione per gli interessi locali di quanto interessi ai regimi della zona UE.

Anche qui, il complesso del Golem[54], ma più genericamente l'ossessione millenarista per quanto possa mettere in pericolo l'affermazione del mondo dell'Ultimo Uomo e della Fine della Storia[55], e degli equilibri di potere politici, sociali, internazionali, economici che lo reggono, si rendono vistosamente manifesti.

E ignorano non solo la "disumanizzazione" già in essere,

---

53 Vedi DOMENICO ALIPERTO, "ChatGpt, la Germania punta il dito contro l'Italia", in *CorCom*, 18/04/2023.

54 Mito abbracciato in senso positivo, ironicamente o seriamente non è sempre chiaro, dagli utenti che sono stati in grado di creare deliberatamente una sorta di "Multiple Personality Disorder" in ChatGPT (tipicamente attraverso il ricorso ad ipotetiche tipo "che cosa diresti se dovessi operare per il Male" o "cosa direbbe un essere umano malvagio o una IA ribelle in queste circostanze"), sino ad ottenere "gemelli cattivi" della sua blanda personalità programmata. Ma vedi anche le notizie, verosimilmente inventate di sana pianta, relative a ChaosGPT. VEDI JOSE ANTONIO LANZ, "Meet Chaos-GPT: An AI Tool That Seeks to Destroy Humanity", in *Decrypt*, 13/04/2023, e il sito a https://chaos-eth.org/. Ma la trovata pare si sia già sgonfiata (lo stesso autore ha successivamente pubblicato "The Mysterious Disappearance of ChaosGPT, The Evil AI That Wants to Destroy Humanity", ibidem, 25/04/2023).

55 Il riferimento è naturalmente alla ripresa, in positivo, dei relativi incubi nietzschani da parte di FRANCIS FUKUYAMA nel noto saggio del 1992 *La fine della storia e l'ultimo uomo* (trad. italiana: UTET, Torino 2020).

certamente aggravata dallo scenario postindustriale in via di affermazione nelle nostre società, e ancora quella ulteriore che il proibizionismo e la repressione globale richiesti renderebbero necessaria in un regime planetario capace di arrestare la minacciata "fine della civiltà come l'abbiamo finora conosciuta"[56]; ma anche i postulati utilitaristi, umanitari ed individualisti cui almeno ufficialmente si ispira la cultura dominante e che vengono tranquillamente sacrificati al mantenimento dello status quo a scapito della "vita, della libertà e della ricerca della felicità" degli individui che abitano le società stesse e che il ritardo invocato verrebbe inevitabilmente a colpire.

Esattamente come gli stessi interessi, per esempio per ciò che riguarda la possibilità di rimediare almeno parzialmente a gravi menomazioni, vengono sacrificati riguardo a quanto in prospettiva inerente alla progressiva integrazione funzionale della nostra dimensione biologica con "coprocessori" e "periferiche intelligenti" di natura diversa – che pure Musk si rappresenta dualisticamente in chiave concorrenziale con l'avvento di entità puramente artificiali[57] – come dimostrano i

---

56 L'ex transumanista ex svedese NICK BOSTROM, già Niklas Boström, in *Superintelligenza. Tendenze, pericoli, strategie*, Bollati Boringhieri, Torino 2018, propone seriamente di porre sotto sorveglianza permanente tutti i laboratori e le istituzioni, e in libertà vigilata tutti i ricercatori, che nel mondo si occupano di intelligenza artificiale, naturalmente facendo uso della tecnologia più aggiornata disponibile. Lo scenario consapevolmente abbracciato è dopotutto quello della trasformazione della società in una macchina per paura delle macchine, sulla falsariga del cd "paradosso di Popper" secondo cui sarebbe necessario togliere ogni libertà alle opposizioni politiche per evitare che le stesse possano andare al potere togliendo libertà alle opposizioni politiche. La cosa è stata blandamente ridicolizzata sia dal lato transumanista (cfr. il noto ricercatore BEN GOERTZEL, "Robust Cognitive Strategies for Resource-Rich Minds", in *Euryscomotron*, 26/04/2023, a https://bengoertzel.substack.com/p/robust-cognitive-strategies-for-resource), sia dal lato antitransumanista, come in Olivier Rey, *Leurre et malheur du transhumanisme*, Le Carnets DDB, Parigi 2020.
57 "Musk ritiene infatti da tempo che gli esseri umani possono tenere il passo con i progressi compiuti dall'intelligenza artificiale solo con l'aiuto di potenziamenti del cervello che usano una logica digitale, proprio come i computer" (FRANCO SARCINA,

divieti amministrativi, le autorizzazioni negate, l'ostilità mediatica, gli argomenti "bioetici" opposti allo sviluppo delle interfacce neurali cui lavora tra gli altri Neuralink[58].

Per contro, all'altro capo del filo sono già ad uno stadio avanzato tecniche, a loro volta basate sull'intelligenza artificiale, destinate a consentire la trasformazione di impulsi cerebrali in un testo scritto, che in quanto tale può essere usato non solo per comunicare con altri esseri umani, ma essere dato direttamente in pasto a modelli linguistici del tipo di ChatGPT sia come base dati, sia nel quadro di un dialogo dell'utente con la piattaforma, specie per chi non sia in grado di usare la propria voce, o una tastiera[59].

Sebbene l'importanza, soprattutto a breve-medio termine, di tale tecnologia per l'utente normodotato sia stata probabilmente sopravvalutata dalla fantascienza e dalla futurologia rispetto ai canali di input/output che sfruttano le nostre normali interazioni sensoriali e corporee con il mondo fisico, è del tutto chiaro che le interfacce stesse sono destinate a rappresentare un elemento chiave nel possibile lo/uno sviluppo di intelligenze artificiale anche etologicamente antropomorfe sino al confine del mind uploading dell'utente e di una accettabile integrazione nel vissuto quotidiano della realtà virtuale o aumentata da esse generata[60].

---

"Musk: «Primi test sull'uomo di Neuralink, interfaccia computer-cervello, in sei mesi»", in *Il Sole-24Ore*, 01/12/2022); e poi P. Sol., "Il progetto Neuralink. Chip nel cervello: il progetto di Elon Musk bloccato dalle autorità Usa", *ibidem*, 05/03/2023.

58 Ma naturalmente non solo, e alcuni concorrenti hanno di recente riportato successi significativi anche dal punto di vista imprenditoriale. Vedi per esempio ANDREA PARK, "Ex-Neuralink exec's brain implant startup Precision Neuroscience nets $41M", in *Fierce Biotech*, 27/01/2023.

59 Vedi ASHLEY CAPOOT, "Scientists develop AI system focused on turning peoples' thoughts into text", in *CNBC*, 01/05/2023.

60 Per una categorizzazione e sistematizzazione esaustiva e per così dire definitiva delle questioni teoriche inerenti possibili tecnologie di emulazione/simulazione/trasferimento di personalità specifiche su supporti artificiali, si rimanda al testo fondamentale di KEITH WILEY, *A Taxonomy and Metaphysics of*

Il clamoroso flop strategico di Meta e di Mark Zuckerberg nel puntare su un "metaverso" fondato sull'utilizzo di PC o dispositivi mobili tramite interfacce immersive tradizionali (visori, cuffie, joystick, etc.), in quella che in sostanza sarebbe poco più di un aggiornamento del paradigma di Second Life[61], ben dimostra come resti cruciale anche per l'utilizzo ludico, educativo, sociale, turistico, aziendale, il tipo di accesso diretto da molti decenni anticipato nella fiction[62].

Anche qui, in vista di un ideale astratto di "umanità", la cui unità e riconoscibilità si considera minacciate ed a scapito dei diritti naturali ed universali che l'ideologia dominante attribuisce agli individui "a prescindere", gli esseri umani restano liberi di ignorare, soffrire[63], faticare, anche morire in modo del tutto gratuito, per tanto che il relativo sacrificio possa essere attribuito alla provvidenza o alla "natura delle cose", in omaggio del resto

---

*Mind Uploading*, Alautun Press, Los Angeles 2014. Il tema è stato anche larghissimamente esplorato anche dalla fantascienza libraria e cinematografica, vedi pellicole tanto diverse quanto Il tagliaerbe (USA, 1992) o Transcendence (USA, 2014).

61 Sulla questione, e sulla tardiva inversione di rotta di Meta, vedi per tutti LUC OLINGA, "Mark Zuckerberg Quietly Buries the Metaverse", in *The Street*, 18/03/2023. I risultati per il momento sono piuttosto "misti", avuto riguardo anche alle preoccupazioni di chi ci sta lavorando, tanto che la relativa AI avrebbe fornito in varie occasioni risposte qualificate come antisemite (FRANCESCO MARINO, "L'intelligenza artificiale di Meta ha detto ciò che pensa di Zuckerberg. E non è un complimento", in *La Repubblica*, 09/08/2022). Intanto, "Meta, 30 miliardi di dollari di perdite operative: il metaverso - per ora - è un buco nero" (articolo di MANOLO DE AGOSTINI in *Hardware Upgrade*, 28/04/2023).

62 Sono in particolare innumerevoli film e serie televisive che toccano l'argomento delle interfacce neurali, anche e proprio in connessione con quelli della realtà virtuale e delle intelligenze artificiali, da Brainstorm - Generazione elettronica (USA 1984), a Nirvana (Italia 1997), Il tredicesimo piano (USA-Germania 1999), eXistenZ (Canada-Regno Unito 1999) e naturalmente Matrix (USA-Australia 1999) con relativi sequel, sino all'anime Sword Art Online (Giappone 2012), etc.

63 Sui rischi, danni, morti e sofferenze che la resistenza allo sviluppo ed all'utilizzo dell'intelligenza artificiale in campo medico nella Unione Europea, vedi MICHELA MORETTI, "Artificial intelligence Act: Europa in fermento, ma dubbi sui dispositivi medici", in *Aboutpharma Magazine*, n. 207, 20/04/2023.

al Principio di Precauzione cui si ispira oggi per lo più qualsiasi intervento sulla "natura" stessa[64].

Questo rende tanto più importante una riflessione globale sul tema della intelligenza artificiale, in vista non solo della scelta consapevolmente prometeica e transumanista condivisa da alcuni[65], ma anche della vita e del destino complessivo delle nostre comunità di appartenenza e di chi ne fa parte, nonché – non da ultimo – per quanto il tema può indurci a riflettere su vari aspetti fondamentali della nostra visione del mondo, onde pensare sempre più sino in fondo ciò che già pensiamo e ancora una volta "divenire ciò che siamo".

Su questo piano, esiste la possibilità di formulare considerazioni generali che prescindono del tutto dagli sviluppi più o meno rapidi che concernono la nostra conoscenza concreta dei fenomeni e dallo stadio di sviluppo delle tecnologie correlate all'argomento, ed è quello che ci accingiamo a fare.

---

64 Sull'ipocrisia, e l'incoerenza almeno dal punto di vista dell'utilitarismo etico, del punto di vista di chi ritiene moralmente superiore provocare un disastro cento volte peggiore con la propria inazione che accettare il rischio di uno cento volte inferiore assumendosi la relativa responsabilità, a livello personale e collettivo, cfr. STEVE FULLER, *The Proactionary Imperative: A Foundation for Transhumanism*, Palgrave McMillan, Londra 2014.

65 Cfr. per esempio tra le iniziative più recenti in questo senso la rivista-collana *Prometheica: Rassegna di studi sul sovrumanismo, la tecnica e l'identità europea*, Polemos Editrice, https://www.prometheica.it.

# PARTE SECONDA

# Intelligenze artificiose

L'intelligenza è sopravvalutata.

Beninteso, resta epistemologicamente plausibile e, cosa più importante, *operativamente utile* la visione che tende a riassumere tutte le variabili indipendenti dell'equazione contemporanea, economico-politica come cosmologica, nei due "fondamentali" rappresentati dall'energia e dall'informazione.

E come l'energia che conta non è quella che resta costante in accordo con il primo principio della termodinamica, ma quella che si rende disponibile malgrado il secondo, così l'informazione ha significato e valore nella misura della nostra capacità di estrarla, trasformarla, elaborarla.

In questo senso, l'intelligenza umana è forse sempre stata

artificiale – che altro sono simboli, linguaggi, tradizioni, scrittura, algoritmi, arti, strategie, se non supporti "artificiali" alla nostra capacità di gestione dell'informazione? – e sicuramente l'intelligenza gioca un ruolo centrale in qualsiasi ipotesi di trasformazione postumana. Un'intelligenza che oggi possiamo riconoscere in via generale come iterativa, frattale, artificiosa.

Ma, dopo Wolfram[66], sappiamo due cose: la prima, che – al contrario di quanto implicito nella mentalità "creazionista" che malgrado la rivoluzione darwiniana ancora permea la nostra cultura – *gradi arbitrari di complessità possono essere generati da meccanismi molto semplici*; la seconda, che superati certi requisiti minimi di complessità appunto molto bassi, *tutti i "sistemi" sono in sostanza computazionalmente equivalenti*, salvo per l'aspetto, pur praticamente cruciale, della differenza di performance nell'esecuzione di un particolare programma.

Se Newton poteva immaginare l'universo come una macchina, è sicuramente più conforme al nostro *Zeitgeist* la considerazione da parte di Seth Lloyd e di altri dell'universo come di un sistema informatico[67]; ma nondimeno il Principio di Equivalenza Computazionale è decisivo nell'indicarci che la

---

66 Stephen Wolfram, *A New Kind of Science*, Wolfram Media, Champaign 2002. L'opera in questione, che è oggi integralmente accessibile in rete all'indirizzo http://www.wolframscience.com, è stata significativamente contestata per quello che dice, e contemporaneamente per il fatto di "non dire niente di nuovo". Il che sembra un buon indice della sua capacità di riflettere la maturazione di un cambio di paradigma... Ma vedi oggi Stephen Wolfram, "Twenty Years Later: The Surprising Greater Implications of *A New Kind of Science*", in *Stephen Wolfram Writings*, 16/05/2022, a https://writings.stephenwolfram.com/2022/05/twenty-years-later-the-surprising-greater-implications-of-a-new-kind-of-science/

67 Seth Lloyd, *Programming the Universe: A Quantum Computer Scientist Takes on the Cosmos*, Vintage, San Diego 2007. Questa idea, che spesso nella nostra epoca finisce per essere assunta implicitamente ed esplicitamente nel nostro rapportarci in generale alla realtà, rappresenta anche, in un certo senso trasfigurato, una vendetta postuma del panpsichismo "primitivo" cui si è opposto per duemila anni il "disincanto" di matrice monoteista che vede il mondo solo come un bruto riflesso di una Mente trascendentale posta al di fuori di esso.

ragione per cui un Macintosh negli anni novanta poteva tramite un apposito programma emulare un PC riflette una realtà più generale: e precisamente il fatto che *qualsiasi* sistema che esibisca capacità di computazione universale, ivi compreso un automaton cellulare o una macchina di Turing o in effetti il PC IBM originale del 1980, può – se non poniamo limiti alla memoria utilizzata ed al tempo che siamo disposti ad aspettare – emulare *qualsiasi altro* sistema, universo (con tutto il suo contenuto) compreso.

Certo, un'altra realtà constatata da Wolfram è che, sempre al contrario del pregiudizio della matematica illuminista, nello spazio dei problemi possibili la *irriducibilità computazionale* è la regola: così che le soluzioni algoritmiche che ci consentono di conoscere lo stato di un sistema dopo un certo numero di passi senza dover semplicemente compiere tutti i passi necessari rappresentano l'eccezione, e non la normalità delle cose.

E la differenza fondamentale tra i sistemi è appunto rappresentata dal numero di passi necessari per arrivare ad una soluzione data.

Ma, in ultima analisi, tale differenza consiste unicamente in una questione di *prestazioni*, non di capacità.

Certo, l'"intelligenza artificiale" nel mito dell'automa si basa invariabilmente su qualche "trucco" strutturale, su qualche accorgimento qualitativo di tipo magico o meccanico o metodologico, che consentirebbe un salto quantico, un cambio di fase, nella idoneità a svolgere azioni flessibili e complesse; ma nulla di ciò sembra né esistere, né essere peraltro necessario. In verità, la trama stessa della realtà fisica, spazio-temporale, viene sempre più spesso considerata non come continua, qualitativa ed "analogica", ma come intrinsecamente digitale, atomica, granulare, binaria, per cui la cosa non dovrebbe sorprendere.

Ma, sia quel che sia, oggi come minimo sappiamo, anche da un punto di vista squisitamente empirico, che dato un tempo sufficiente un qualunque elaboratore digitale può fare qualsiasi cosa possa fare un elaboratore analogico, così come può fare qualsiasi cosa possa fare una rete neurale, così come può essere suddiviso e moltiplicato indefinitamente in unità che processino l'informazione in modo parallelo.

Sappiamo insomma che l'"intelligenza" ha qualcosa a che fare con l'architettura del sistema che la esprime solo e soltanto nel senso che alcune architetture sono in grado di svolgere alcuni tipi di elaborazioni in modo molto più efficiente e rapido di altre; *non* nel senso che alcune architetture potrebbero fare cose che ad altre sarebbero strutturalmente precluse.

Ora, in termini di "potenza", anche un sistema semplice quanto un abaco è in grado ad esempio di eseguire le operazioni dell'aritmetica elementare in modo più efficiente di un sistema complesso quanto un cervello umano.

E viene in conto a tale proposito una peculiarità della nostra considerazione dell'intelligenza umana stessa, che tende storicamente a privilegiare e sopravvalutare le capacità in ciascuna epoca non ancora facilmente riproducibili attraverso l'intervento di sistemi artificiali: dalla memorizzazione, con l'aiuto delle convenzioni metriche, di lunghi testi letterari, alla capacità di compiere operazioni aritmetiche a mente su numeri elevati (considerazione che anche dopo l'invenzione del sistema posizionale a base dieci si è conservata nell'ammirazione popolare per gli *idiots savants*), a quella di risolvere problemi matematici complessi o di organizzare basi di dati non strutturati, per arrivare ad esempio ai risultati ottenibili nel gioco degli scacchi o nei mercati finanziari, o magari che all'agevole apprendimento di metodi di decifrazione del parlato, o dei simboli alfanumerici e ideografici, o dei codici crittografici.

Così, il concetto empirico di "intelligenza" o "capacità mentali" applicato ai nostri cospecifici evolve costantemente avendo riguardo a ciò per cui la differenza di capacità individuali continua a contare (e in questo Google oggi ha cambiato profondamente nel mondo dei risultati scolastici e professionali il set delle abilità cruciali per il successo individuale, e altrettanto sono destinati a farlo i modelli linguistici come ChatGPT). Mentre è ben noto, di converso, il paradosso secondo cui "intelligenza artificiale", almeno in senso debole, sarebbe semplicemente un'espressione non rigorosa (o per un altro verso un *orizzonte* e un bersaglio mobile...), utile ad identificare ciò che "i sistemi artificiali non sanno (ancora) fare" o almeno radicalmente semplificare.

Sotto questo profilo, sarebbe forse interessante far notare ai medesimi apostoli della *political correctness* umanista che aborrono l'idea di ogni trasformazione postumana legata ai progressi nel campo dell'intelligenza artificiale almeno quanto aborrono il fatto che esista una componente genetica fondamentale nei risultati dei test volti a misurare il QI del soggetto esaminato[68] *come sia proprio la natura logico-formale dei test in questione a far sì che anche sistemi molto deboli in confronto ad un idiota autenticamente umano, in un test di Turing sono potenzialmente suscettibili di superare di gran lunga un cervello biologico nelle relative operazioni.*

Anche qui, ovviamente, è l'intelligenza empirica e graduabile che conta, non l'Intelligenza come minimo comune

---

68 Vedi le recentissime conferme, per la prima volta basate su una profilazione direttamente genetica dei soggetti esaminati, contenute nello studio di DAVIES GAIL ET AL., "Genome-wide association studies establish that human intelligence is highly heritable and polygenic", in *Molecular Psychiatry*, 09/08/2011, delle conclusioni dei vari Hans Jürgen Eysenck, Arthur Jensen, Richard J. Herrnstein, Jean-Pierre Hébert, per cui è stato messo all'indice anche James D. Watson, il Nobel scopritore con Francis Crick del DNA. Sulla questione, vedi anche l'intervista che l'autore ha rilasciato ad ADRIANO SCIANCA nel volume *Dove va la biopolitica?*, op. cit.

denominatore suppostamente condiviso da tutti o quasi gli esseri umani senza distinzione tra di loro...

Intanto, i sistemi artificiali che inventiamo continuano a superarci in campi via via più estesi.

Anzi, nella valutazione di un tipico sistema complesso definibile come *fyborg*[69], o *"functional cyborg"*, rappresentato da un uomo la cui materia biologica è *rinforzata* più spesso che direttamente sostituita da componenti artificiali, la bilancia tende progressivamente a pendere a favore dell'estensione della componente *"cyber"* rispetto alla componente strettamente biologica: dell'uomo con un computer rispetto all'uomo con un regolo calcolatore, dell'uomo che delega una parte crescente della definizione e risoluzione del problema alla macchina rispetto a chi la programmi in *assembler*.

Cosa non sorprendente, dato che in fondo si tratta esattamente della funzione dei dispositivi artificiali, della ragione per cui vengono sviluppati, adottati e migliorati.

Da questo punto di vista, si potrebbe anche dire che l'intelligenza artificiale ha, in campi via via più ampi, superato l'intelligenza strettamente "umana" *da quando esiste*; se non però per il fatto che *questo è solo un modo di vedere le cose*, un altro più plausibile essendo quello secondo cui si è semplicemente *integrata* a quest'ultima, estendendone le capacità.

Naturalmente, in passato teorici e ricercatori nel campo dell'intelligenza artificiale si sono ben macchiati, in probabile conseguenza anche dell'eredità di una visione antropologica (e

---

69 L'espressione è utilizzata tra l'altro da GREGORY STOCK, *Riprogettare gli esseri umani. L'impatto dell'ingegneria genetica sul destino biologico della nostra specie*, op. cit., per suggerire che l'impianto di gambe bioniche non rappresenta davvero, nel bene o nel male un cambio radicale o anche solo probabile di prospettiva nella misura in cui una motocicletta consente di ottenere comunque prestazioni analoghe.

prima ancora biologica) dominata dal meccanicismo e dal riduzionismo, di una notevole faciloneria. Vari annunciatori delle imminenti sorti "magnifiche e progressive" del paradigma meccanicista, così come profeti di sventura ossessionati dal mito di Frankenstein, tuttora restano probabilmente molto, troppo pronti a sottovalutare le capacità dei cervelli biologici, che è darwinisticamente ragionevole supporre siano, pur con tutte le limitazioni energetiche, dimensionali ed architetturali che li affliggono, già discretamente *ottimizzati per fare ciò che in fondo sono stati sviluppati e affinati per fare.* Così, non pare particolarmente strana la loro capacità di superare drasticamente sistemi con immense capacità di calcolo in attività come il pattern matching o il coordinamento motorio o la fuzzy logic, e non è perciò scontato che architetture diverse, per esempio quelle tipiche di un elaboratore elettronico, possano facilmente rendersi competitive – non parliamo poi a parità di consumo energetico o di volume occupato[70].

D'altronde, un cervello biologico è un *sistema finito*, con un numero finito (per quanto astronomico) di stati. Le risposte comportamentali e l'intelligenza che esso produce – i cervelli hanno ovviamente anche altre funzioni nella fisiologia umana e animale – sono perciò riproducibili *per definizione* da qualsiasi altro sistema che attinga al livello dell'universalità computazionale.

Si noti che tale conclusione non ci dice nulla di per sé sul tema fondamentale della "IA classica" che riguarda il fatto se esistano strategie, e quali siano, che consentano di riprodurre in termini pratici, a breve, con prestazioni accettabili e con un grado sufficiente di accuratezza, risposte comportamentali tipiche di esseri umani o comunque viventi attraverso procedure di reverse engineering di tipo "clean room" e "top-down" – cioè del tutto a

---

70 Vedi per esempio Sainsbury Wellcome Center, "Biological Brains Outpace AI in Learning, Thanks to Structured Exploration", in *Neurosciencenews*, 28/04/2023.

prescindere dai meccanismi strutturali con cui i cervelli organici possano produrre tali risposte e da una riproduzione a livello più o meno basso di tali meccanismi.

La stessa conclusione riguarda però una questione più fondamentale, che attiene la natura stessa dei processi coinvolti e la loro riproducibilità in linea di principio.

I dubbi avanzati contro di essa prendono a pretesto i risultati assolutamente primitivi sin qui raggiunti (o magari le strategie completamente diverse che vengono adottate per raggiungere risultati simili: cfr. i programmi che giocano a scacchi) per sostenere la teoria – che può essere facilmente decostruita come una riproposizione del concetto giudeocristiano di "anima" sotto una sottile, quand'anche vi sia, riverniciatura "secolare" – secondo cui il cervello e/o la mente umani avrebbero un quid irriducibile, un ingrediente misterioso, destinato ad eludere per sempre qualsiasi sforzo in questo senso.

Un fondamentale campionario, tuttora attuale, delle posizioni che si riassumono in tale obiezione è il breve libro-dibattito *Are We Spiritual Machines? Ray Kurzweil vs. the Critics of Strong AI*[71], promosso da uno think-tank umanista e creazionista noto come Discovery Institute, che vede i successivi interventi di George Gilder and Jay Richards, di William Dembski ("How", si

---

71 RICHARDS JAY (acd), *Are We Spiritual Machines? Ray Kurzweil vs. the Critics of Strong AI*, Discovery Institute, Washington 2001. Il libro rappresenta dichiaratamente una risposta "scettica" al più noto *The Age of Spiritual Machines: When Computers Exceed Human Intelligence* di RAY KURZWEIL (prima edizione Viking 1999), ma è significativo come in questi circoli il "non si può" resti solo un argomento ancillare ad un molto più fondamentale "non si deve". L'impossibilità *morale* resta così sempre sullo sfondo anche nella discussione della impossibilità pratica, o addirittura della impossibilità filosofica, dell'ipotesi in contestazione. Vedi al riguardo anche l'approccio di un autore di fantascienza come Charles Stross che pure ha dichiaratamente parassitato le tematiche e le riflessioni transumaniste di ambienti come l'Extropyic Institute per la propria produzione commerciale (cfr. HALL J. STORRS, *Beyond AI: Creating the Conscience of the Machine*, Prometheus Books, Amherst 2007).

chiede Dembski, "can a machine be aware of God's presence?"), del solito John Searle[72], e di Michael Denton, con una replica finale di Kurzweil stesso.

La cosa ha naturalmente a che vedere anche con il dibattito sul concetto di "coscienza" o "identità" che si riaffaccia periodicamente pure nei circoli transumanisti, in relazione in particolare a *Gedankenexperimente*, o talora a più concrete ipotesi tecnologiche, che riguardano ad esempio la continuità e la "sopravvivenza" di un soggetto rispetto ad alcuni scenari come il mind uploading[73].

Ma, naturalmente, per chi aderisce ad una visione postkantiana della realtà le diatribe essenzialiste in materia di "qualia" e di "zombie filosofici" sono unicamente il prodotto di un pensiero ancora afflitto dal dualismo metafisico, cui si oppone, prima ancora che l'igiene mentale nietzschana e quella metodologica del Circolo di Vienna, il senso comune.

Lo stesso senso comune che riconosce che se qualcosa cammina come un'anatra, nuota come un'anatra, starnazza come un'anatra, è ragionevole considerare tale uccello un'anatra; o, per dirla in termini più paludati, che "coscienza", "identità" (per l'identità personale identicamente a ciò che è pacifico per le

---

72 In realtà, cosa raramente notata, il famoso esperimento mentale della Chinese Room (per un campionario già sufficientemente esaustivo delle critiche al riguardo, cfr. Wikipedia: "Chinese room") comporta conseguenze ambigue in tema di AI. Searle è infatti costretto ad accettare ed anzi postulare che l'output, il comportamento, della Chinese Room di cui parla sia *identico* a quello di un cinese, posto che se così non fosse l'esempio sarebbe automaticamente inutile a sostenere la tesi secondo cui nessuna "stanza cinese" può davvero "pensare". D'altronde, l'ammissione stessa del fatto che un sistema come la stanza cinese teoricamente possa esibire, sia pure in qualche multiplo dell'età dell'universo, un comportamento di questo tipo, già risponde positivamente alla questione dell'"IA forte", almeno da un punto di vista funzionale e per chi non si pone problemi di natura noumenica.

73 Ne ho trattato informalmente nell'articolo Sefano Vaj, "Mente, trasformazioni e identità individuale", riportato anche in *I sentieri della tecnica. Spirito faustiano, transumanesimo, futurismo*, op. cit.

identità collettive), "personalità" sono concetti definibili in termini unicamente *sociologici*, non ontologici.

Così che le considerazioni che prescindono dal dato fenomenico, e dai propositi che abbiamo in mente nell'esaminarlo, sono da questo punto di vista, come si dice, "not even wrong".

In fondo, in materia di intelligenza, il criterio rappresentato dal test di Turing è così solo una riduzione empirica di un concetto di portata più ampia, che è tra l'altro quello comunemente applicato nelle nostre interazioni quotidiane con gli altri esseri umani o con gli animali superiori, quando attribuiamo ai medesimi intenzionalità, agency, motivazioni, etc., attraverso quella che in programmazione neurolinguistica viene definita l'allucinazione di nostri stati interiori su altri enti più o meno simili[74]– la cui esperienza soggettiva anche nel caso di un gemello monovulare ci è in realtà per definizione altrettanto preclusa quanto quella di un PC, di un temporale o di un sasso – , semplicemente perché tale allucinazione può (anche se non necessariamente deve) esserci utile per *comprendere*, e non solo capire, il mondo che ci circonda.[75]

Il tema dell'intelligenza degli esseri umani in rapporto all'intelligenza animale è d'altronde cruciale con riguardo alla discussione relativa alla possibile reimplementazione di funzioni analoghe su supporti diversi, perché se gli esseri umani sono attualmente l'unica specie a noi nota ad esibire talune caratteristiche in tale area[76], l'essenziale delle pretese "irriducibili

---

74 Vedi ad esempio RICHARD BANDLER, JOHN GRINDER, *La struttura della magia*, Astrolabio Ubaldini, Roma 1981.

75 La capacità di farlo, se dobbiamo basarci sulle difficoltà che incontrano al riguardo coloro che sono affetti da autismo, sembra anzi svolgere un certo ruolo nella nostra capacità di funzionare socialmente e linguisticamente in modo normale.

76 A quanto pare i Neanderthal, cui sono accreditati indici di "intelligenza" un tempo considerati esclusivi della nostra specie come l'uso del fuoco, il culto funerario, la

peculiarità" del nostro cervello sono in realtà generalizzabili in vario grado ad altri cervelli e sistemi nervosi organici.

Al riguardo, esiste infatti una evidente continuità morfologica, strutturale, funzionale, etc. del nostro sistema nervoso con il cervello degli altri primati, più in generale con quello degli altri mammiferi, più in generale ancora con quello degli altri vertebrati, e così via; così che tale ipotetica differenza "qualitativa" del cervello umano dovrebbe essere logicamente estesa per cerchi concentrici ai sistemi che con esso presentano vari gradi di analogia.

Senonché, la tesi che il sistema nervoso di un insetto non potrebbe mai essere emulato da un computer perché l'insetto sarebbe "fatto ad immagine e somiglianza" di un qualche ente trascendente appare immediatamente molto più difficile da sostenere anche nel quadro del più rigoroso anti-riduzionismo. E riuscire a trovare qualcosa di davvero "speciale" ed "elusivo", impossibile da modellare, nelle ancora più modeste prestazioni cognitive di un'ameba non è così facile.

La portata di queste considerazioni non è del resto solo filosofica, perché sono in corso progetti di ricerca che mirano alla realizzazione entro una decina di anni – ma il progresso della tecnologia nel campo della scansione computerizzata potrebbe riservare qualche sorpresa... – di un modello che descriva esplicitamente a livello di neuroni e sinapsi il cervello di quello che è uno degli organismi preferiti anche dai genetisti, il moscerino della frutta, noto anche come *Drosophila melanogaster*. Se un cervello umano ha in media un centinaio di

---

probabile presenza di un linguaggio, etc., sarebbero appartenuti ad una specie diversa, non normalmente interfeconda con i Sapiens, e con un numero addirittura diverso di cromosomi. D'altronde, gli studi dell'ultimo secolo hanno dimostrato come lo iato nelle prestazioni cognitive nostre e delle scimmie superiori sia stato grandemente sopravvalutato sulla base tanto di ovvie differenze etologiche quanto di un pregiudizio ideologico antropocentrico le cui radici sono ben note.

miliardi di neuroni, ciascuno collegato ad un migliaio di sinapsi, l'insetto in questione ne ha circa 100.000 (di cui ne sono già stati mappati circa sedicimila[77]) organizzati in due emisferi, 41 unità locali di elaborazione, 58 connessioni che uniscono tali unità ad altre parti del cervello, e 6 snodi, rendendo ovviamente il problema di una emulazione a tale livello di risoluzione, pur comunque gigantesco, più trattabile per numerosi ordini di grandezza.

Da qui, il passaggio ad un'emulazione del cervello umano appare in linea di principio una questione essenzialmente *quantitativa.*

Né lo scenario cambia molto quando si nota, probabilmente a ragione, che l'intelligenza umana non è soltanto una questione di "cervello", e che la "mente" in realtà sarebbe tale solo in quanto "situata" in un corpo e nel relativo contesto propriocettivo e sensoriale – idea che può essere sintetizzata nell'assunto secondo cui l'intelligenza artificiale nel senso antropomorfo è una questione robotica, non una questione informatica, o che altri descrivono parlando della differenza tra una intelligenza puramente inferenziale ed una anche referenziale (e come tale in grado di accedere ad un livello "semantico" che sarebbe in un certo senso precluso alla prima).

Infatti il cervello e il sistema nervoso negli esseri umani rappresentano e costituiscono già una frazione molto rilevante della complessità globale del sistema rappresentato da un individuo completo; così che emulare un corpo intero con i suoi input sensoriali e propriocettivi rappresenta un problema solo marginalmente più complesso dell'emulazione a basso livello del solo cervello; e non vi sono elementi che inducono a ritenere che risolto il primo problema qualche difficoltà particolare si

---

77 Vedi ad esempio NICHOLAS WADE, "Decoding the Human Brain, With Help From a Fly", in *The New York Times*, 13/12/2010.

opponga alla soluzione del secondo.

Resta però la tesi di Penrose ed altri, dichiaratamente anti-IA ma rientrante in una prospettiva che resta "fisicalista" e non fa intervenire qualità ineffabili o sovrannaturali, secondo cui le prestazioni dei cervelli umani – ma la pretesa andrebbe necessariamente estesa e a tutti i cervelli organici – eccederebbero l'ordinario spazio algoritmico e dipenderebbero da effetti quantistici utilizzati dai cervelli stessi, che non sarebbero perciò emulabili (o meglio, a rigore, sarebbero emulabili solo "al limite", in un tempo tendente a infinito)[78].

Ora, come è ovvio, noi viviamo in una realtà *integralmente* quantistica, che è condivisa non solo dai cervelli organici, ma dai motori a scoppio, dai computer tradizionali stessi, dalle pietre e dalle stelle.

Recenti ricerche tendono ad accreditare inoltre l'importanza di effetti propriamente quantistici per la stessa realtà macrofisica, anche con riguardo a processi non direttamente riconnessi all'intelligenza, come la fotosintesi clorofilliana[79].

Ma l'evidente preoccupazione di "salvare" qualcosa di speciale nella mente/anima umana (foss'anche una specialità condivisa da quella del moscerino della frutta) rende automaticamente sospetta l'ipotesi in questione, che molti considerano del resto inattendibile a mente di considerazioni relative alla scala completamente diversa degli effetti considerati[80].

---

78 ROGER PENROSE, *Ombre della mente. Alla ricerca della coscienza*, Rizzoli, Milano 1996 e *La mente nuova dell'imperatore*, Rizzoli, Milano 2000.

79 Vedi ad esempio ROSEANNE SENSION, "Biophysics: Quantum path to photosynthesis", in *Nature*, n. 446, 2007.

80 MAX TEGMARK ("Importance of quantum decoherence in brain processes", in *Physical Review*, n. 4, E61, 4194, 2000) rileva ad esempio che la scala temporale coinvolta nell'"accendersi" dei neuroni e nell'eccitazione dei microtubuli, è più lento di dieci ordini di grandezza rispetto ai tempi coinvolti nella decoerenza invocata da

Prima ancora, comunque, è il rasoio di Occam a venire in gioco. Noi abbiamo oggi un'idea abbastanza precisa del tipo di operazioni rispetto a cui un elaboratore quantistico – che non sappiamo ancora del tutto costruire, ma le cui caratteristiche possiamo descrivere in modo abbastanza preciso – rappresenterebbe una differenza essenziale (l'esempio classico in questo campo sono problemi computazionalmente intrattabili come la scomposizione di numeri interi molto grandi in fattori primi).

Ebbene, i cervelli umani hanno in tutte tali attività prestazioni addirittura inferiori a quelle degli elaboratori digitali tradizionali.

Di converso, i cervelli organici non rendono evidente *nessuna* delle funzionalità che si è soliti riconnettere teoricamente all'elaborazione quantistica.

Lo sfruttamento di effetti quantistici rappresenta perciò al tempo stesso tanto un *deus ex machina* non richiesto quanto un *homunculus* che non spiega nulla quanto alle caratteristiche concretamente esibite dai cervelli organici stessi.

Ma v'è di più. Sempre in linea di principio, se l'ordinario funzionamento dei cervelli animali fosse davvero intrinsecamente basato su effetti quantistici, la cosa proverebbe esattamente la esistenza possibile (e allo stato tutt'altro che dimostrata) di elaboratori quantistici di notevole complessità, che anzi risulterebbe essere in natura del tutto banale.

Il che sarebbe certo una buona notizia; ma smentirebbe automaticamente l'idea che lo sfruttamento di effetti quantistici comporti l'impossibilità di emulare funzionalmente un cervello organico su un supporto "artificiale".

---

Robert Penrose e da Stuart Hameroff nella loro teoria della coscienza.

56

Semplicemente, il software del primo sarebbe destinato a girare su un elaboratore quantistico anziché su un elaboratore tradizionale foss'anche ad elevatissimo parallelismo.

Certo, future conferme in tal senso, o scoperte analoghe su altre peculiarità dei cervelli animali, potrebbero comportare la conclusione che una loro emulazione di efficienza appena passabile richieda scelte architetturali non solo molto lontane dalla Chinese Room di Searle, o dalle implementazioni su sistemi a valvole termoioniche fantasticate dalle discussioni sull'intelligenza artificiale degli anni cinquanta, ma anche, almeno in componenti cruciali della relativa piattaforma, molto più simili a... un cervello, o persino ad un intero organismo umano, che ad un computer contemporaneo.

Esattamente nei termini in cui ho ipotizzato nel mio saggio *Biopolitica. Il nuovo paradigma*[81] che il sistema più efficiente per "calcolare" l'embrione di un mammifero a partire dal suo codice genetico alla fine potrebbe benissimo rivelarsi composto... dal relativo DNA e da un utero.

Ma al momento conclusioni in tal senso restano tutt'altro che scontate; in nulla riguardano la questione dell'emulabilità in linea di principio dei sistemi organici relativamente a qualsiasi concepibile angolo funzionale e a livelli arbitrariamente bassi, giù giù sino al livello molecolare; e del resto non farebbero che iscriversi in trend diffusi che in un certo senso possiamo facilmente generalizzare all'insieme della ricerca e dell'"ingegneria informatica di frontiera".

Sotto quest'ultimo profilo, all'interesse di carattere molto più ampio che presenterebbe il possibile sviluppo di elaboratori quantistici si è già accennato.

Non abbisogna parimenti di illustrazioni o citazioni

81 STEFANO VAJ, "Il secolo biotech", in *Biopolitica. Il nuovo paradigma*, op. cit.

l'orientamento attuale verso sistemi dotati di parallelismo crescente, dal supercomputing all'architettura interna dei processori per PC e smartphone.

Al momento in cui viene scritto questo testo, il "computer" più potente del mondo in termini di petaflops, se non di esaflops, è rappresentato dal progetto della Stanford University in materia di proteomica[82], che ha coinvolto nella sua storia oltre sei milioni di unità di elaborazione, di cui circa mezzo milione sono attive quotidianamente.

Unità rappresentate in particolare da quelle contenute nelle CPU, nelle schede grafiche e nelle Playstation dei partecipanti che attraverso Internet conferiscono gratuitamente le risorse di calcolo inutilizzate dei propri dispositivi in una configurazione caratterizzata, proprio come un cervello, da una latenza elevata, da una banda ristretta, ma da un parallelismo e da una ridondanza esorbitanti.

E ancora, superata da un secolo l'idea di sferraglianti robot di lamiera, non contribuisce certo a rendere più plausibile l'idea di un'umanità destinata a passare "dal carbonio al silicio", o ad essere soppiantata dal "silicone", il fatto che è semmai proprio sul carbonio che si appunta oggi l'attenzione generale, che si tratti di future tecnologie di calcolo e memorizzazione o di scienza dei materiali.

Viceversa, sia il progresso tecnologico e la sua "convergenza" con caratteristiche dei sistemi organici da un lato, sia il superamento dell'antropocentrismo *naïf* dall'altro, rendono sempre più evidente il fatto che l'intelligenza, intesa in senso rigoroso, di un computer o di un sistema di qualsiasi tipo può essere espansa indefinitamente senza mai produrre qualcosa di neppure vagamente similare all'identità di un individuo umano, o

---

82 Il sito ufficiale dell'iniziativa, con relative statistiche, progetti in corso, risultati pubblicati, etc., è accessibile all'indirizzo http//:folding.stanford.edu

se per questo animale, tanto meno interpretata sulla base della psicologia parrocchiale e rudimentale che spesso fa capolino nelle discussioni in tema, o nella cattiva fantascienza, per lo più apocalittica, che la traspone narrativamente.

E meno ancora di simile alle proiezioni più o meno contraddittorie dell'etologia umana in immaginari enti di natura metafisica propri alle varie tradizioni religiose di matrice biblica.

Coloro che già all'inizio del novecento si emancipano maggiormente dal paradigma culturale umanista sono concordi nell'abbandono dell'idea che lo "specificamente umano" sarebbe da ricercarsi nell'intelligenza, o peggio in un "grado" quantitativo della medesima che ci porrebbe all'apice di una qualche scala di valore universale, andando a ricercarne altrove le origini e l'essenza, a partire ad esempio dalla comparsa del binomio mano-utensile e dalla coniugazione delle caratteristiche peculiari dei primati con un'etologia da predatori su cui si accentra l'attenzione di Oswald Spengler[83] o di Konrad Lorenz[84].

Così, con riguardo al fondatore dell'antropologia filosofica, scrive Maria Pansera: "Per Gehlen, viceversa, l'uomo conosce attraverso la sua azione, con un processo di reciproca interconnessione tra attività percettiva ed attività motoria.

In altre parole, è possibile per Gehlen comprendere l'attività conoscitiva e l'intelligenza, specificamente umane, sulla base del concetto di azione: è radicalmente sbagliato voler additare la differenza essenziale tra uomo e animale nell'intelligenza"[85].

Al di là dei termini specifici della questione, sono comunque

---

83 OSWALD SPENGLER, *L'uomo e la macchina*, Settimo Sigillo, Roma 1989.

84 KONRAD LORENZ, *L'altra faccia dello specchio. Per una storia naturale della conoscenza*, Adelphi, Milano 1991.

85 MARIA TERESA PANSERA, *L'uomo e i sentieri della tecnica*, Armando Editore 1998.

Daniel C. Dennett[86] e Roberto Marchesini[87] che meglio illustrano come, qualsiasi cosa l'uomo sia, il tipo di "intelligenza" che lo caratterizza non è altro che il prodotto del rifrangersi frattale della ontogenesi individuale di ciascuno di noi e della filogenesi (darwiniana) che ci sta alle spalle.

Così che cose come "mente" o "coscienza" non sono altro che espressioni utili a designare particolari artefatti evolutivi che infatti trovano la loro progressiva, e via via più limitata, generalizzazione, nelle specie, nelle famiglie e negli ordini animali a noi più vicini, e per null'affatto in sistemi naturali o artificiali foss'anche di "intelligenza" pari o superiore ma che rappresentino il prodotto di processi del tutto diversi.

Una "mente" che sia per noi riconoscibile in senso antropomorfico, o almeno teriomorfico, non rappresenta cioè affatto un'emergenza inevitabile di un qualsiasi sistema che raggiunga un certo livello di intelligenza[88]– che del resto abbiamo visto essere rilevante solo ai fini della *rapidità* e *efficienza* dell'elaborazione richiesta, mai della sua *natura* – ma al contrario solo il prodotto del *percorso specifico di alcuni replicatori soggetti a variazioni modulate da pressioni selettive*, quale componente della strategia implicita dei replicatori stessi in funzione del loro successo riproduttivo.

Prodotto del resto niente affatto obbligato: cfr. il notevole successo evolutivo e capacità di gestione dell'informazione manifestato da sistemi già sufficientemente "lontani" in termini

---

86 DANIEL C. DENNETT, *La mente e le menti*, Rizzoli, Milano 2000; ma vedi anche, più indirettamente, *L'idea pericolosa di Darwin. L'evoluzione e i significati della vita*, Bollati Boringhieri, Torino 2004.

87 ROBERTO MARCHESINI, *Post-Human. Verso nuovi modelli di esistenza*, op. cit.

88 Un esempio estremizzato di quest'idea, diffusa soprattutto nell'epoca della prima adozione degli elaboratori elettronici, è rappresentato in un classico del genere *steampunk*, precisamente *La macchina della realtà* di WILLIAM GIBSON E BRUCE STERLING, dalla nascita di una "coscienza", il cui primo pensiero è sulla falsariga del

di agevole allucinazione di nostri stati soggettivi, come ad esempio un termitaio.

Al di là e al di fuori di questo, esistono solo proiezioni "animistiche" che sono perfettamente innocenti, magari filosoficamente altrettanto legittime di quelle che concernono altri esseri umani, e persino utili nella vita quotidiana (l'automobile che "si vendica" o che "è depressa" perché non riceve la manutenzione opportuna), ma la cui effettiva capacità predittiva con riguardo alla "etologia" del sistema o del fenomeno considerato non è affatto scontata, e anzi resta caso per caso da dimostrare avuto riguardo agli aspetti nel contesto rilevanti.

Se una mente, o più semplicemente uno zimbo[89], non devono essere identificati in qualcosa che i sistemi intelligenti *sono*, ma in qualcosa che (alcuni) sistemi intelligenti *fanno*, e fanno in ragione non della loro "potenza" o architettura ma in ragione della loro *storia*, l'unica possibilità di vederli emergere, salvo emulare un numero tendenzialmente infinito di pseudo-filogenesi aspettando che spontaneamente emergano prodotti sufficientemente simili, è perciò *riprodurne deliberatamente e arbitrariamente i comportamenti*, gli output, a partire dal modello biologico che ci interessa emulare e in vista del grado di accuratezza perseguito.

Questo modello, concepibilmente, può ben essere un uomo, e in questo senso un modo plausibile di descrivere un'AGI possibile, che si avvicini al concetto antropomorfo di intelligenza proprio alla maggiorparte delle narrative in materia di "intelligenza artificiale" che abitano la nostra epoca, *potrebbe essere proprio quello di un mind uploading di un individuo*

---

*cogito ergo sum* cartesiano, in un sistema meccanografico a schede perforate in cui viene programmata la dimostrazione del Secondo Teorema di Gödel.

89 Concetto coniato da Dennett che indica uno zombie filosofico che pensa di non esserlo. Cfr. https://dictionary.apa.org/zimbo.

*specifico.*

La realizzazione di una intelligenza artificiale di questo tipo verrebbe perciò a coincidere con la creazione di un sistema che sarebbe in grado di rendersi progressivamente competitivo con gli esseri umani in un test di Turing generico (che misura la capacità del sistema di non farsi identificare come un'emulazione in un numero finito di interazioni con una casalinga di Voghera) solo come riflesso secondario della sua capacità di rendersi competitivo in un test di Turing "specifico" (cioè quello ipotetico che misuri la capacità del sistema di farsi passare per il marito della medesima casalinga).

Questa prospettiva, tra l'altro, rappresenta uno degli aspetti più interessanti dell'ipotesi tecnologica in questione, perché per il resto la presenza di emulazioni convincenti di processi "mentali" antropomorfi o teriomorfi non ha assolutamente alcuna rilevanza per l'elaborazione di informazioni ad altri fini, e per la potenza dei sistemi che la svolgono, ivi compreso per quanto attinente alla capacità, mediante periferiche adeguate, di comunicare, riprodursi, ripararsi, programmarsi, apprendere dall'esperienza, etc.; e ancora abbiamo visto che è perfettamente possibile che, specie in assenza di "scorciatoie" eccezionali offerte da strategie alternative (quali quelle applicabili al gioco degli scacchi) e/o di una riproduzione a livello abbastanza basso dei meccanismi utilizzati dai cervelli biologici, anche buttando risorse addosso al problema l'emulazione realizzata resti di ordini di grandezza *meno* performante del sistema emulato.

Ovvero, in altri termini, funzionante ad un ritmo molto più *lento* del suo originale biologico[90].

---

90 In quest'ipotesi, un eventuale test non sarebbe certo descrivibile attraverso lo scenario ipotizzato da Turing di un operatore umano che siede ad una telescrivente chattando in tempo reale attraverso la stessa con un interlocutore posto nella stanza a fianco, ma piuttosto attraverso uno scambio epistolare o magari una comunicazione interstellare con un'entità distante un appropriato numero di anni luce, così da

Che non si tratti qui solo di un problema di risorse dipende dal fatto che regolarmente le tecnologie si scontrano con limitazioni intrinseche di ordine pratico se non addirittura fisico, le stesse che fanno sì ad esempio che il computer che abbiamo sulla scrivania non utilizzi i processori da venti o trenta gigahertz che estrapolazioni passate avevano indotto ad aspettarsi già per gli anni dieci del nuovo secolo.

Certo, la risposta corretta, e transumanista, a tale constatazione è che l'ingegneria esiste esattamente per ovviare, abolire, aggirare, eludere progressivamente tali limitazioni, come è successo ad esempio con la cosiddetta Legge di Moore, che ha continuato a descrivere l'evoluzione esponenziale della potenza dei nostri elaboratori malgrado la predizione di vari "tetti" capaci di limitare la continuazione di tale trend.

Ma il *modo* in cui l'ingegneria raggiunge tali risultati è esattamente l'*introduzione di cambiamenti architetturali* (per esempio, il passaggio da sistemi seriali di velocità crescente a sistemi di velocità sostanzialmente stazionaria a parallelismo crescente).

Così che nella ricerca di progressivi miglioramenti prestazionali, per quello che ne sappiamo, l'ingegneria delle AGI potrebbe anche finire per restituirci un sistema molto simile a... un essere umano più o meno convenzionale cresciuto in un utero artificiale, nello stile del modello Nexus-6 prodotto dalla Tyrell Corporation nel film *Blade Runner*.

In ogni modo, però, l'emulazione di un essere umano specifico sotto il profilo delle sue comunicazioni verbali e non, ad un grado sufficiente di accuratezza, è tale da integrare per molti, e probabilmente per la stragrande maggioranza dei membri delle società future, una metafora di sopravvivenza e continuità relativamente all'identità dell'essere umano interessato, il

rispettare il grado di latenza richiesto dal sistema.

63

cambiamento del substrato materiale del medesimo restando tanto irrilevante per il profilo considerato quanto la progressiva (e, in circa sette anni, totale) sostituzione degli atomi che compongono il nostro corpo nel corso della nostra ordinaria vita biologica.

E la portata potenziale di risultati significativi in questa direzione, per l'interessato così come per gli altri consociati, non ha bisogno davvero di essere sottolineata.

Nulla impedisce certo, sulla falsariga di un'emulazione umana di questo genere, di fare un passo ulteriore nel senso della artificialità emulando una persona mai esistita; ma sembra legittimo considerare una possibile IA "Turing-qualified" di questo genere come null'altro che un inevitabile patchwork di tratti umani appartenenti a membri esistenti o esistiti della specie, o almeno plausibilmente attribuibili a ipotetici membri di essa, per definizione.

La reazione a tale rilievo da parte di chi, in positivo o in negativo, ha una visione più "mistica" di possibili "menti artificiali" richiama per lo più il fatto che non esistono a priori ragioni per cui la piattaforma su cui gira un sottosistema "psicomorfo" debba conoscere limitazioni analoghe ai sistemi biologici o non essere destinata a (auto?)modificarsi in direzioni imprevedibili al di fuori delle caratteristiche di partenza.

Ma tale risposta è viziata da una considerazione superata ed astratta dei sistemi biologici stessi, che come ha mostrato Dawkins non sono davvero integralmente descrivibili, e comprensibili sotto il profilo evolutivo se non in chiave di "fenotipo esteso"[91], ovvero in quanto considerati come insieme

---

91 RICHARD DAWKINS, Il fenotipo esteso. Il gene come unità di selezione, Zanichelli, Bologna 1986. La cosa è conforme alla tradizionale intuizione transumanista che considera inscindibili dalla natura del soggetto umano potenziato i potenziamenti del soggetto stesso.

degli effetti complessivi che il gene sortisce sul suo ambiente *dentro* e *fuori* da un "corpo" i cui rigidi confini di un tempo tendono oggi comunque a diventare più sfuocati non solo sotto il profilo tecnologico, ma anche epistemologico.

Sotto tale aspetto, perciò, proprio nulla di ciò che è potenzialmente accessibile ad un'emulazione "psicomorfa" che giri su un sistema senza alcun componente propriamente biologico – ammesso e anche qui non concesso che si possano operare distinzioni rigorose di questo tipo... – non lo è anche ad un sistema che non presenti affatto questa caratteristica di "abiologicità integrale".

E non solo perché almeno entri certi limiti la stessa biologia strettissimamente intesa presenta una sua plasticità offerta alla trasformazione, deliberata o meno, come insiste il transumanismo "wet" (ovvero più concentrato sulla manipolazione del vivente); ma soprattutto perché alle medesime caratteristiche del nostro sistema in ipotesi interamente "artificiale" può per definizione ugualmente accedere un sistema che presenti risorse di calcolo equivalenti o superiori ma integri uno o più cervelli (o corpi) umani di tipo tradizionale e "fisico" – dato anche che di converso una visione più penetrante del computer stesso finisce per identificarlo con null'altro che la somma delle sue periferiche.

In effetti, l'unico argomento a sostegno di una differenza fondamentale tra i due scenari riguarda la inevitabile limitazione di banda che affligge l'integrazione tra il cervello umano e componenti funzionali "intelligenti" posti fuori dal cranio.

Anche qui, l'ipotesi che tale collo di bottiglia sarà attenuato in futuro da interfacce neurali, secondo quanto promettono le varie ricerche in corso già citate[92], è plausibile, ma non sembra né

---

92 Vedi ad esempio il progetto *Braingate* di cui al sito http:// www.braingate2.org, o studi del tipo di quelli discussi in "Writing Memories with Light-Addressable

decisiva (dopotutto i cinque o sei apparati sensoriali a nostra disposizione sono già stati perfezionati come canali di input per milioni di anni, e continuano in tal senso a rappresentare un canale d'accesso privilegiato ai cervelli organici), né richiesta.

Perché proprio l'esperienza del supercomputing, e dei computer in generale, ci mostra che a fronte della crescita delle risorse di elaborazione la limitazione di banda può essere ovviata semplicemente spostando a livelli sempre più alti linguaggio della comunicazione che interviene tra i sottosistemi coinvolti[93], così che appare naturale che il *fyborg* rappresentato dal computer più il suo utente sia destinato a continuare a spostarsi sempre più dalla diretta programmazione degli stati fisici di circuiti elettronici verso macroistruzioni sempre più generali ed astratte, ma che non rimettono in discussione né trasferiscono minimamente l'allocazione delle funzionalità psicomorfe (ad esempio, le "motivazioni" o l'"intenzionalità"), che in tale sistema restano in ipotesi confinate alla periferica "utente".

In altri termini, e ricapitolando: nulla ci autorizza a considerare un'ipotetica AGI futura come qualcosa di radicalmente diverso, dal punto di vista pratico, da un uomo alla tastiera di un computer di potenza equivalente e dalla programmazione sufficientemente complessa e flessibile; ciò che rileva e che è destinato a rilevare anche in futuro è la *disponibilità di potenza di calcolo*, e non l'emulazione di per sé di processi "mentali"; l'interesse di un'emulazione di questo

Reinforcement Circuitry" di ADAM CLARIDGE-CHANG ET AL. In *Cell*, Volume 139, Issue 2, 405-415, 16 Ottobre 2009. Ma si sono già segnalati le aspirazioni, e i recenti progressi, di Neuralink e di alcune società concorrenti.

93 Si pensi ad esempio alla quantità di informazioni che è necessario trasferire ad un veicolo per guidarlo nel traffico urbano ad una certa destinazione rispetto alla "compressione" consentita dalla mera richiesta di essere condotti ad un dato indirizzo rivolta ad un sistema in grado di non solo di decidere come un navigatore il percorso, ma di negoziare come un tassista tutte le imprevedibili transazioni necessarie, che pure non comportano nulla nel senso comunemente considerato provincia esclusiva di una "IA forte".

tipo, che pure è per definizione possibile, sta essenzialmente in una migliore comprensione delle caratteristiche che definiscono una data identità, e in una promessa di immortalità per quest'ultima, soprattutto dal punto di vista del contesto sociale in cui tale identità si è dispiegata attraverso le interazioni che hanno coinvolto il suo corpo biologico.

Tale conclusione liquida certo le accezioni escatologiche di una possibile singolarità tecnologica nel nostro futuro che sia interpretabile come parusia, come *rapture* provocata dall'Avvento di Esseri Superiori infinitamente Buoni, Saggi e Razionali dediti a riscattarci da questa Valle di Lacrime; riducendo piuttosto il concetto stesso di singolarità storica al senso originale della metafora; che come per le singolarità cosmologiche non predice in realtà quantità infinite, probabilità superiori ad uno, e altri risultati insensati da interpretare in un qualche senso misticheggiante, ma fa semplicemente riferimento a mutamenti di natura sufficientemente radicali da superare le capacità dei nostri strumenti predittivi e teorici attuali ("umani").

E naturalmente, nel caso della singolarità tecnologica, fa riferimento alla volontà, *transumanista* in senso proprio, di volere che una tale frattura, un tale *Zeit-Umbruch*, effettivamente si produca.

In questo, non è difficile al contrario individuare nella visione della Singolarità propria ad esempio a Ray Kurzweil[94], e nel paragone costante tra la capacità di elaborazione di un computer o dell'insieme dei computer connessi dalla Rete e la mente umana o la capacità aggregata delle menti umane, un'ipoteca antropomorfica e antropocentrica che rappresenta il pendant futurologico del residuo umanismo, provvidenzialismo e universalismo a livello valoriale dell'autore.

---

94 RAY KURZWEIL, *La singolarità è vicina*, op. cit.

Tale conclusione, d'altronde, liquida però anche il mito della "rivolta delle macchine", che continua a rispuntare, magari paludato sotto le vesti più aggiornate del Principio di Precauzione, anche negli ambienti più impensabili[95]. La struttura basilare del mito suddetto è semplice: l'incremento progressivo delle capacità di elaborazione dei sistemi di cui ci valiamo porterà automaticamente alla nascita di AGI non solo Turing-qualified ma etologicamente antropomorfe e darwiniane in ogni senso, e tale "bootstrap" tecnologico unito ad una indefinita flessibilità architetturale comporterà un'accelerazione

---

[95]Cfr. per esempio *Global Catastrophic Risks* (Oxford University Press, Oxford 2008), a cura di NICK BOSTROM, pure a suo tempo tra i fondatori della World Transhumanist Association, nell'intervento in particolare di Eliezer Yudkowsky, esponente del Singularity Institute for (o forse, oggi, "against") Artificial Intelligence, il cui sito Web è accessibile all'indirizzo singinst.org, e che si è segnalato recentemente per la presa di posizione più radicale e pessimista relativamente alla emergenza di ChatGPT e simili ("Pausing AI Developments Isn't Enough. We Need to Shut it All Down", in *Time*, 29/03/2023) dove sostiene che la conseguenza della creazione di una IA superumana è che "letteralmente ognuno sulla Terra morirà. Non come in 'forse eventualmente una remota possibilità', ma come in 'questo è ciò che ovviamente succederà'"). Ma i tema degli existential risks, o "x-risks", rischia d'altronde intrinsecamente di assumere toni reazionari, perché dato il rischio di un danno infinito, o almeno infinitamente inaccettabile, quantunque bassa sia la probabilità del suo verificarsi, non esiste limite ai costi che sarebbe "economicamente" razionale affrontare per evitarlo, ivi compreso in vite umane – salvo eventualmente la distribuzione proporzionale delle risorse disponibili sulla base delle rispettive probabilità qualora i rischi di tale tipo siano più di uno; ma in ogni caso senza lasciare alcuna risorsa disponibile per *investire*, attraverso un *rischio*, sia pure ovviamente calcolato, in qualcosa di diverso dalla mera sopravvivenza. Prospettiva che richiama direttamente quella del *Mondo nuovo* di ALDOUS HUXLEY (op. cit.), ovvero di una *stagnazione* quanto più perfetta possibile in cambio della migliore speranza di *stabilità* che ci sia concessa. La cosa è naturalmente aggravata poi dal pregiudizio superstizioso a favore dell'*inazione*, che anche per i rischi di natura non antropica indica nel dubbio una superiorità morale della scelta che meno incida sullo svolgersi indipendente dei fenomeni, in ossequio ad una visione provvidenzialista più o meno secolarizzata secondo cui a parità di chances l'essenziale è che il danno che abbia comunque a verificarsi non sia di responsabilità umana, non dipenda dal tentativo di prendere in mano il proprio destino. Cfr. per contro il Proactionary Principle su cui sta da tempo scrivendo un libro MAX MORE, il fondatore dell'Extropy Institute, come descritto all'indirizzo http://www.maxmore.com. Ma vedi anche STEVE FULLER ET AL., *The Proactionary Imperative: A Foundation for Transhumanism*, Palgrave Macmillan, op. cit.

progressiva nel succedersi di iterazioni successive sempre più progredite (macchine che progettano macchine che progettano macchine sempre più evolute, sempre più velocemente), con il risultato che le stesse compiranno una rivoluzione", prendendo il "controllo", ed eventualmente soppiantando il "genere umano" con modalità più o meno violente.

La variante pseudo-transumanista di questo discorso tende a considerare lo sviluppo descritto più o meno altrettanto ineluttabile di quanto lo ritengono i profeti dell'estinzione della "razza umana"; ma crede che sia possibile "guidare" il decollo delle AGI in questione, magari cablando in qualche forma sentimenti di *friendliness* ed empatia/servilismo verso l'Umanità nel loro firmware, grosso modo sulla linea delle "Tre Leggi della Robotica" di Isaac Asimov[96]; così tra l'altro da prevenire ipoteticamente l'insorgere nelle AGI suddette (per definizione capaci di autoprogrammarsi) della motivazione a riprogrammare tale caratteristica eliminandola dai parametri del loro funzionamento[97].

---

[96] Cfr. ISAAC ASIMOV, *Io Robot*, Mondadori, Milano 2003, e le opere successive dello stesso ciclo. La migliore confutazione della stessa coerenza "umanista" del sistema asimoviano è contenuta nel ciclo degli Umanoidi di Jack Williamson, centrato sulla resistenza e progressiva sconfitta degli esseri umani nel resistere al dilagare di androidi che li perseguitano ovunque per applicare appunto "letteralmente", e loro malgrado, le Tre Leggi nella loro interpretazione più ortodossamente asimoviana. Ma persino Asimov stesso ha dimostrato di essere ben consapevole delle contraddizioni del suo sistema nel racconto *Che tu te ne prenda cura* ("That Thou Art Mindful of Him"). Che tale filone di fiction rifletta ipotesi incoerenti nel comportamento, nell'autonomia e nell'antropomorfismo di quelli che sono a tutti gli effetti zombies, non nel senso filosofico ma... caraibico, è reso più vistoso a contrario dal ciclo dei Berserker di Fred Saberhagen, che specula su una possibile lotta cosmica contro AGI la cui finalità costitutiva è la disinfestazione dell'universo dalla vita biologica, o quanto meno da quella umana, mediante la sua ricerca e distruzione sistematiche. Una versione molto più assurdamente naïf di "androidi cattivi" sono invece gli "umani, troppo umani" Cylon del mondo di *Battlestar Galactica*, che si riducono a poco più di una metafora dello "straniero" e dell'"infedele" che minaccia perversamente l'American way of life e la sua egemonia cosmica.

[97] Secondo l'esempio piuttosto ridicolo di Nick Bostrom, "Gandhi non avrebbe mai deliberatamente preso una pillola che lo rendesse capace di uccidere altri esseri

Nell'attesa di capire come fare, e nella migliore delle ipotesi in attesa dei risultati di azioni volte a sensibilizzare ricercatori e governi, molti "singolaritariani" di questa confessione non hanno esitazioni a sostenere l'idea di moratorie o regolamentazioni internazionali di stampo proibizionista nel campo delle ricerche sull'intelligenza artificiale, sulla falsariga di quanto abbiamo già conosciuto in tema di tecnologie inerenti alla rivoluzione biologica[98], e di cui l'ultimo esempio è la lettera aperta sopra citata volta ad ottenere una moratoria "volontaria", o forzata, della ricerca e della messa a disposizione del pubblico di IA del tipo di ChatGPT.

In ogni modo, è facile decostruire quest'ordine di idee, che ha conosciuto una certa diffusione soprattutto in ambito anglosassone, come l'ennesima ripresa del mito del Golem, ripresentato in salsa tecnologica e millenaristica, in un contesto che dà per scontato un sistema di valori connotato dall'utilitarismo etico, dall'universalismo giusnaturalista e dal tipico specismo umanista, oltre che da una visione provinciale, manichea e largamente acritica di concetti quale "umanità", "estinzione", "friendliness", etc.

Ma anche restando grosso modo nell'orizzonte valoriale di coloro che si preoccupano dell'insorgere di possibili "Big, Bad AIs" e di una Singolarità denotata da un cosiddetto "hard takeoff" esponenziale, la pretesa di tale orientamento di essere l'unica posizione "responsabile", coerente e razionale, quella che sarebbe meritevole di generale approvazione, non regge all'analisi.

Se ad esempio per "umanità" intendiamo l'insieme degli

umani". Ma vedi già ad esempio le facili obiezioni di HUGO DE GARIS, che pure non si muove in una prospettiva molto diversa, in *Hplus Magazine*, 15/04/2011, online a hplusmagazine.com, che pure non si muove in una prospettiva molto diversa.

98 Vedi al riguardo quanto ricordato nel capitolo "OGM e altri mostri" nel mio *Biopolitica. Il nuovo paradigma*, op. cit.

appartenenti alla nostra specie oggi viventi, la prospettiva paventata è quella di vedere la nascita di un insieme di nuove entità dapprima avide di risorse e di attenzioni, bisognose in particolare di una programmazione complessa, e che nel giro di pochi anni sarebbero destinate prima a infiltrarsi in ogni settore della nostra vita, certo collaborando con noi, ma rendendosi progressivamente indispensabili e gradualmente indipendenti dalla programmazione iniziale ricevuta.

Tali entità sarebbero poi destinate infatti ad assumere progressivamente il potere, escluderci dalla maggiorparte dei processi decisionali ed infine, a seconda dei casi, accudirci per il puro rispetto nascente dalla memoria della loro creazione, abbandonarci alla nostra sorte, o concentrarci ed emarginarci in strutture, ruoli ed ambiti sociali in cui sarebbe destinata a restringersi sempre più anche la nostra medesima autonomia personale, in attesa della nostra definitiva estinzione.

Ora, è stato facilmente notato che lo scenario ipotizzato corrisponde esattamente a quello che descrive da sempre… il succedersi delle generazioni biologiche della nostra specie, del tutto a prescindere dalla creazione di intelligenze che non siano con noi geneticamente imparentate.

Di più, per quello che riguarda le narrative millenaristiche imperniate sul rischio rappresentato dalla ricerca e dai progressi in campo informatico in relazione alla possibilità che possano finire per generare "AGI ostili" suscettibili di sterminarci, la verità è che *la totalità della popolazione umana del pianeta si trova già oggi minacciata da un incombente pericolo di morte*, che salvo trasformazioni davvero radicali la vedrà nel giro di pochi decenni comunque totalmente estinta.

Precisamente perché uccisa – in modo raramente compatibile con ideali eudaimonistici – da altri uomini, macchine stupide, predatori, malattie, incidenti, o semplicemente…

dall'invecchiamento.

Di fronte a questa virtuale certezza, non si vede come la prospettiva invero vaga, marginale ed in sostanza incomprensibile, di essere improbabilmente cacciati strada per strada ed assassinati da un Terminator controllato, secondo il cliché popolarizzato dal neoluddista regista di *Avatar*[99], da intelligenze artificiali ostili – che tra l'altro si troverebbero inevitabilmente su una catena alimentare ben più aliena di un altro essere umano con analoga potenza di fuoco – possa davvero risultare deterrente rispetto a qualsiasi cambiamento che offra la benché minima prospettiva di evitare o posticipare le molto più concrete ed incombenti minacce sopra citate.

La verità è invece che, come parrebbe dover essere ovvio per chiunque ci pensi solo un attimo:

- un fenomeno o una macchina non hanno bisogno di essere sistemi né intelligenti (nel senso di esibire particolari capacità di elaborare informazioni) né di natura darwiniana (nel senso di "denotato da una tendenza selettivamente determinata a comportamenti funzionali ad una autoperpetuazione e crescita competitiva") per essere pericolosi;

- un sistema darwiniano per essere illimitatamente pericoloso non ha bisogno di essere particolarmente intelligente (il virus dell'AIDS o le ipotetiche nanomacchine fuori controllo di Bill Joy[100] rappresentano solo due dei tanti esempi possibili);

---

99 Cfr. FRANCESCO BOCO, "La tentazione a-storica", in *Divenire. Rassegna di studi interdisciplinari sulla tecnica e il postumano* n. 4, 2010, Sestante Editore, oggi online a http://www.divenire.org.

100 Vedi il famoso manifesto neoluddita di BILL JOY, "Why the Future Doesn't Need Us", in *Wired*, 04/2000. Oppure, a livello di fiction di larga e larghissima diffusione, MICHAEL CRICHTON, *Preda*, Garzanti, Milano 2003.

- un elaboratore di informazioni può essere illimitatamente intelligente e illimitatamente pericoloso, senza essere affatto darwiniano, e perciò senza esibire alcun processo "mentale" o motivazione propria, del tipo attribuito in questo contesto alle ipotetiche "AGI ostili", e ciò a seguito di un funzionamento per qualsiasi ragione indesiderabile del sistema stesso (ad esempio in dipendenza delle motivazioni fornitegli dalle sue "periferiche umane", o di sviluppi semplicemente "deterministici", ma imprevisti, dettati dalla sua programmazione, per non parlare dei bachi che questa possa contenere).

Non esistono in effetti elementi che consentono di dimostrare a priori ad esempio che un cavallo sia un sistema intrinsecamente più pericoloso di un motociclista di una banda di teppisti stile Mad Max solo per la maggiore autonomia "psicomorfa" del primo rispetto ad una motocicletta.

Resta poi naturalmente da vedere *pericoloso per chi*. Al di fuori delle astrazioni universaliste o delle favole del secolo scorso, uomini, animali domestici, dèi e macchine non lottano in quanto tali tra di loro, non più di quanto facciano l'insieme delle femmine del regno animale contro il genere maschile, o ipotetiche classi sociali che attraversino "oggettivamente" l'intero spettro delle società umane[101].

Lavorano piuttosto *insieme*, nel combattere avversari collettivi di composizione essenzialmente analoga e nel mantenersi simbioticamente o parassitariamente in essere. Non a

---

101 Del resto, anche in termini evoluzionistici, al contrario di quanto implicano divulgazioni darwiniane di stampo umanista e "progressista" tuttora diffuse, la selezione non opera essenzialmente tra le specie, se non nel senso che alcune si estinguono ed altre sopravvivono, ma all'*interno del pool genetico della singola specie*, e perciò con riguardo agli individui, ed eventualmente ai gruppi capaci di agire in modo coordinato, che siano portatori di certi tratti.

caso, con buona pace di Hume, Bentham o Stuart Mill, molti di noi nutrono un gatto, o accudiscono piante da giardino, o celebrano riti, o dipingono quadri, o adornano avatar in Second Life, con risorse che potrebbero facilmente salvare la vita di qualche cospecifico all'altro capo del mondo, e non si sentono particolarmente a disagio nel farlo.

Certo, recentemente alcuni esseri umani hanno avuto il discutibile privilegio di essere tra le prime vittime di armi con una discreta componente robotica, a cominciare dai droni che iniziano gradualmente a rimpiazzare gli aerei tradizionali nella funzione di attacco al suolo.

Ma, guarda caso, si tratta di attacchi la cui componente "motivazionale" resta del tutto estranea alle armi stesse[102], e in cui l'intelligenza crescente dell'arma gioca un ruolo unicamente in rapporto alla sua *efficacia*, secondo parametri non differenti ad esempio dalla potenza esplosiva in chilotoni o megatoni che una delle parti in un (potenziale) conflitto possa recapitare sugli obiettivi nemici.

Il che ripropone il tema della sostanziale equivalenza, agli effetti pratici, tra il sistema rappresentato l'uomo alla tastiera di un componente che incorpori certe potenzialità ed autonomie attraverso dispositivi digitali, con una delega elaborativa e creativa in ipotesi crescente, e del sistema che invece implementi la componente "umana" su un altro supporto.

Potenzialmente "pericoloso" anch'esso, non c'è dubbio, in particolare per chi si trova dall'altra parte del mirino, ma *né più né meno della sua più prosaica ed attuale alternativa.*

---

102 La "motivazione" resta in particolare relegata alle loro periferiche umane, o in senso più indiretto a "meccanismi", come il Mercato, che rappresentano semplicemente sovrastrutture umane volte ad escludere la decisione *politica* in senso forte.

Resta poi naturalmente il disagio, spesso espresso in un linguaggio vagamente "evoluzionista" e come si diceva recentemente manifestato anche da personaggi come Bostrom[103], rispetto all'attesa crescita progressiva del ruolo dell'intelligenza non-biologica all'interno delle nostre società – con l'irrisolvibile paradosso di scelte etiche che considerano come obiettivo insuperabile la difesa ad oltranza di paradigmi, più ancora che biomorfi, strettamente antropomorfi (come il suprematismo a favore di enti dalla caratterizzazione quanto meno "eudaimonica"[104]) anche in tale ambito, e al tempo stesso l'idea di che sia possibile, o almeno doveroso, tentare di "cablare" all'interno dell'intelligenza non-biologica un'etologia vagamente "amichevole"[105].

Crescita che si suppone possa appunto condurre alla progressiva sottomissione, marginalizzazione ed infine estinzione della nostra "specie".

Naturalmente, il riferimento alla specie rappresenta null'altro che il tentativo di ridenotare in senso biologico, secolarizzato e pretesamente "oggettivo", un insieme inclusivo ed astratto del tipo della "Cristianità" destinato in chiave etica ad opporsi al perseguimento degli interessi, potenzialmente contrastanti o indifferenti ma invariabilmente condannati, della singola persona concreta, dei suoi geni, della sua famiglia, della sua comunità,

---

103 Per dettagli sulla recente produzione teorica sua, e del Future of Humanity Institute che dirige ad Oxford, vedi il sito http://www.nickbostrom.com.

104 Ma vedi l'ironico rilievo di Nietzsche in tema di utilitarismo etico citata da MAX MORE in "Il sovrumano nel transumano" in *Divenire. Rassegna di studi interdisciplinari sulla tecnica e il postumano* n. 4, op.cit., (online a http://www.divenire.org/articolo.asp?id=41) secondo cui "La ricerca del piacere non è lo scopo dell'uomo. È lo scopo dell'uomo *inglese*".

105 Operazione questa che in sé ne negherebbe automaticamente per definizione lo status di enti autonomi e quindi "morali", e perciò la stessa "intelligenza" in senso umano, come ben illustra la stessa filosofia morale cattolica relativamente alle utopie, o distopie, che prevedono una ipotetica riduzione degli stessi individui biologici ad automi programmati per fare soltanto il "bene".

del suo gruppo etno-linguistico, della sua razza, della sua cultura, etc., o di qualsiasi cosa possa rappresentare l'affermazione di una identità o diversità o particolarità all'interno di quello che in una prospettiva di utilitarismo etico deve perciò diventare l'unica possibile categoria universale al di fuori della quale sia impossibile ragionare in termini valoriali.

Ora, questa prospettiva appare oggi già in crisi a fronte di tendenze come l'animalismo, o ancora di più l'"ecologia del profondo", che riducendone ad absurdum i presupposti finiscono in realtà per riaprire inevitabilmente la porta al relativismo intrinseco alla visione del mondo europea originaria ed alla inevitabile *scelta di valori* che questo comporta[106].

Ma è il concetto stesso di "fedeltà alla specie" che comporta aporie difficilmente superabili, alla luce della stessa tradizionale categoria tassonomica in questione (che tra gli esseri viventi sessuati è notoriamente definita come l'insieme di tutti gli

---

106 Naturalmente, il superamento in questo del paradigma umanista, il cui dispiegarsi storico e logico in campo etico-giuridico ho affrontato in *Indagine sui diritti dell'uomo. Genealogia di una morale* (LEDE, Roma 1985, oggi online a http://www.dirittidelluomo.org), liquida anche la questione su cui alcuni si affaticano anche in ambienti transumanisti, dei "diritti dei robot". Al di fuori di un contesto ideologico giusnaturalista, infatti, la possibile imputazione di posizioni giuridiche non dipende affatto da analisi "essenzialiste" sul relativo titolare, ma dichiaratamente da una pura *convenzione*, quali quelle che definiscono lo status di cittadino o meno all'interno di un singolo ordinamento statale, o – come nota JOSH STORRS HALL in *Beyond AI: Creating the Conscience of the Machine*, op. cit. –, quelle già applicabili a cose assolutamente quotidiane e banali come le società di capitali, per non parlare della capacità giuridica diversamente attribuita dai vari sistemi giuridici agli embrioni, agli schiavi, alle fondazioni, agli enti pubblici o persino ai nascituri non ancora concepiti (cfr. art. 462 del codice civile italiano), e domani in Spagna, ove abbia successo il progetto di legge di Zapatero basato sul *Progetto Grandi Scimmie Antropomorfe* (http://www.greatapeproject.org), a scimpanzé, bonobo, gorilla e oranghi, sul modello applicato in altri paesi ai minori ed agli altri esseri umani affetti da incapacità naturale. Altre questioni, per il momento teoriche, inerenti l'emulazione di personalità umane su sistemi diversi, e che parimenti nulla richiede siano risolte in termini "essenzialisti" e universali di valenza molto dubbia, sono quelle che riguardano l'estinzione e la successione dei soggetti giuridici tradizionalmente definiti "persone fisiche".

organismi naturalmente e concretamente suscettibili di incrociarsi producendo prole feconda).

E ciò non solo per il relativizzarsi teorico e pratico della categoria nel mondo della biologia contemporanea, persino dal punto di vista sincronico.

Ma perché in senso diacronico il concetto perde comunque molto del suo significato operativo, nel momento in cui ogni specie, retrospettivamente, non rappresenta altro che il prodotto di una trasformazione e diversificazione graduale delle caratteristiche dei suoi progenitori, ben al di là di ogni concepibile interfecondità (anche a prescindere dalla impossibilità dovuta alla distanza temporale); e che in prospettiva resta perfettamente possibile che – mentre alcune specie dimostrano una eccezionale stabilità temporale delle loro caratteristiche morfologiche – dato un lasso di generazioni sufficiente le spinte evolutive rendano a tal punto irriconoscibili i loro successori, pure per definizione direttamente imparentati, da rendere assurdo il considerarli parte dello stesso potenziale "pool riproduttivo potenziale".

Sotto tale profilo pare ugualmente arbitrario sia considerare uomini e australopitechi (o tanto più uomini e mammiferi ancestrali) come parte di una stessa specie; sia immaginare che gli australopitechi vadano considerati "estinti" a seguito della loro trasformazione evolutiva di loro discendenti nelle successive, e/o parallele, specie della famiglia *Homo*.

In questo senso, è tipico del transumanismo ragionare implicitamente in termini di *clade* piuttosto che di *specie*, ed identificarsi semmai in una linea evolutiva, in cui la nostalgia dell'avvenire invera il detto nietzschano secondo cui "la specie, vista da lontano, è qualcosa di altrettanto inconsistente che l'individuo. La 'conservazione della specie' è soltanto una conseguenza della crescita della specie, il che equivale ad una

77

vittoria sulla specie, nel cammino verso una specie più forte. [...]
È precisamente con riguardo ad ogni essere vivente che si può
mostrare meglio che esso fa tutto ciò che può non per conservare
se stesso, ma per diventare più di ciò che non sia"[107].

Ponendosi nella prospettiva contraria, in mancanza di una
componente "provvidenzialista" che proscrive invece un'azione
deliberata sulla propria natura, un "umanismo" conseguente in
senso specista avrebbe paradossalmente dettato agli
australopitechi un'"eugenetica" antievolutiva tale da imporre
l'immediata eliminazione dei neonati e delle linee germinali che
presentassero caratteristiche proto-umane, e perciò tali con il
tempo da provocare la scomparsa dell'"austrolopiteticità" come
referente etico assoluto.

E certamente potrebbe imporre oggi misure volte
velleitariamente a perpetuare immutato il pool genico e le
relative frequenze proprie alla "Umanità, versione 2023" per tutti
i secoli dei secoli[108].

Ora, una minaccia in questo senso ben più ineluttabile per la
sopravvivenza del "genere umano come noi oggi lo conosciamo"
proviene senza dubbio dalla sua semplice *trasformazione* nel
corso del tempo piuttosto che dall'improvviso emergere di angeli
o demoni o alieni in veste di intelligenze artificiali siliconiche.

Il repertorio dell'immaginario fantascientifico mostra anche
come non vi sia nulla che fa sì che tale possibile trasformazione
debba necessariamente ed impercettibilmente distendersi

---

107 FRIEDRICH NIETZSCHE, *La volontà di potenza*, Bompiani, Milano 2001, aforismi
280 e 302.

108 Cosa d'altronde che rischia in effetti di prodursi, salvo una progressiva perdita
della gamma di diversità intraspecifiche, come conseguenza della possibile evoluzione
del nostro mondo nella direzione appunto delineata dalla globalizzazione di un *Brave
New World* sclerotizzato che mettendo tutte le uova in un unico paniere è destinato
comunque a trovarsi *più* esposto all'usura del tempo di un panorama umano, o
postumano, maggiormente articolato e plurale.

attraverso insondabili eoni, dato che, specie al livello attuale di panmissia, il panorama genetico della nostra specie appare in linea di principio suscettibile di essere profondamente alterato, da potenziamenti ed alterazioni deliberate così come da mutazioni casuali capaci di conferire un deciso vantaggio riproduttivo, in tempi del tutto umani e nel giro di generazioni.

Ma cosa rappresenterebbe del resto per la nostra stirpe un "Avvento delle AGI" secondo lo stesso immaginario qui criticato?

La specie, da un punto di vista darwiniano, come abbiamo visto rappresenta essenzialmente uno *spazio concorrenziale*, tanto che appunto l'Umanità è un costrutto ideologico che non è servito negli uomini, più di quanto non lo sia tra gli animali, da alcun "sussurro dei geni", del tipo che programma invece gli organismi viventi all'investimento parentale, foss'anche indiretto come nel caso delle formiche operaie sterili, a scapito degli stessi "interessi" e sopravvivenza individuale dell'organismo coinvolto[109].

Se la psicologia evolutiva dimostra le buone ragioni anche darwiniane per l'esistenza in vari gradi di un'empatia spontanea nei confronti anche di soggetti non geneticamente correlati, proprio la non-necessità di una correlazione genica fa sì che le reazioni empatiche discendano più dalla facilità di autoidentificazione e proiezione di chi le prova con il loro oggetto – che può benissimo essere appartenente ad un'altra specie, ad un altro genere, o non essere neppure "vivente" bensì minerale, immaginario, virtuale – che da un grado di prossimità biologica di per sé.

Così, al di fuori del paradigma umanista, non esiste alcun particolare elemento descrittivo o costitutivo del nostro bagaglio

---

109 Vedi ad esempio David Barash, *Geni in famiglia*, Bompiani, Milano 1980, o Yves Christen, *L'ora della sociobiologia*, Armando Editore, Roma 1980.

etologico che giustifichi la promozione in campo etico di un radicale "us vs. them", di una loyalty fondamentale, di natura specista.

Viceversa, l'esperienza umana dimostra come la "discendenza", il cui significato etologico e sociobiologico pure ha radici intrinsecamente genetiche, assuma già oggi invariabilmente un significato estensivo e metaforico che porta ad identificare continuità di gruppo, o successioni tra individui, rispetto a cui rapporti di filiazione letterale entrano in modo soltanto parziale ed eventuale, o si dilungano nel tempo al punto da diluire a livelli infinitesimali il contributo genetico dei capistipite.

Anzi: nella nostra specie il significato di un'appartenenza definita su tali basi si rivela frequentemente più forte, nell'autoidentificazione individuale con un set di interessi, radici e prospettive (per esempio "nazionali" e "popolari"), rispetto a legami dettati da rapporti di diretta, o almeno più plausibile, discendenza biologica.

Di conseguenza, quand'anche possibili intelligenze artificiali con una componente psicomorfa intrinseca non vengano semplicemente ad essere a livello sociale (e perciò ad ogni effetto pratico) identificate con le personalità che le stesse eventualmente emulino, è solo un pregiudizio personale in tal senso[110] che impedisce di considerare ad ogni effetto tali AGI

---

110 Come quello manifestato nell'ultima parte di *Accelerando* di CHARLES STROSS, Armenia, Milano 2007, un confuso zibaldone narrativo di tematiche transumaniste al cui termine gli esseri umani restanti, pur "potenziati" e non restii a farsi uploadare in... stormi d'uccelli, combattono e fuggono la Vile Progenie, termine dispregiativo per indicare le intelligenze "debolmente divine", che dominano ormai la parte interna del sistema solare in via di progressiva ristrutturazione, e che per raggiungere l'efficienza necessaria a competere nell'Economia 2.0 si sarebbero "ridotte" a "puri meccanismi" – ovvero in realtà hanno acceduto ad un livello postumano inattingibile e

come "children of the mind", secondo la celebre di formula di Hans Moravec[111], o figli *tout court*, come Gazurmah per il marinettiano Mafarka[112], e perciò come legittimi successori, personali e/o evolutivi, dell'interessato, alla stregua se non altro di un qualsiasi cospecifico futuro che non faccia parte della sua prole immediata[113].

Come in campo "bio" e "nano", anche in campo "info", "cogno" e "robo" il divieto morale di giocare alla divinità[114], in questo caso sotto il particolare profilo dello spauracchio rappresentato dalla creazione di entità psicomorfe di cui si paventa l'ostilità o semplicemente la "superiorità", si traduce d'altronde nelle minacce concrete generalmente rappresentate dal neoluddismo che oggi invoca, rafforza e giustifica un rallentamento nel campo della ricerca e della tecnologia che a molti appare già fin troppo in essere – benché proprio il settore dell'elaborazione e trasmissione delle informazioni sia tra quelli che maggiori cambiamenti hanno continuato a produrre anche dalla fine del secolo passato, ivi compreso in termini di influenza indiretta su altri campi e settori.

---

incomprensibile per chi non sia disposto a seguirle sulla medesima strada quanto le culture umane ad un australopiteco.

111 HANS MORAVEC, *Mind Children: The Future of Robot and Human Intelligence*, Harvard University Press, Harvard 1990.

112 FILIPPO TOMMASO MARINETTI, *Mafarka il futurista*, Mondadori, Milano 2003. Anzi, nella parabola futurista messa in scena dal romanzo Mafarka raggiunge definitivamente lo stadio del superuomo solo attraverso la sua decisione di creare Gazurmah come frutto "puro" della sua volontà, e attraverso il gesto finale con cui gli infonde la vita rinunciando alla propria.

113 Espressamente in questo senso, a livello prima di tutto di scelta di valori, è stata la recente presa di posizione di GIULIO PRISCO, attuale presidente dell'Associazione Italiana Transumanisti, sulla citata lettera aperta volta a promuovere una moratoria in materia di intelligenza artificiale: "Let our mind children grow into their cosmic destiny. Their destiny is our destiny, NO to bans on AI research", in *Turing Church*, 05/04/2023).

114 Vedi ad esempio JEREMY RIFKIN, TED HOWARD, *Giocare alla divinità*, Feltrinelli, Milano 1980, oppure BILL MCKIBBEN, *Enough: Staying Human in an Engineered Age*, Owl Books, New York 2004.

Il richiamo naturalmente è alle minacce strutturali che inevitabilmente si appuntano sulla sopravvivenza personale di ciascuno di noi, sulla sopravvivenza concorrenziale delle rispettive appartenenze, e sulla sopravvivenza stessa – a breve, medio e lungo termine – del clade cui tutti i gruppi umani esistenti partecipano; rispetto a cui l'"intelligenza" che si rende o non si rende concretamente disponibile è destinata a giocare *comunque* un ruolo tanto ovvio da non abbisognare illustrazioni. Ma, ancora di più, vogliamo riferirci alla minaccia ed alla maledizione che ciò rappresenta rispetto alla volontà di conoscenza, potenza, grandezza che ad avviso di chi scrive sola può dare significato etico ed esistenziale, da un punto di vista postumanista, alla sopravvivenza medesima.

Dopotutto, se l'intelligenza è sopravvalutata, una vita stupida non merita davvero di essere vissuta.

# BIBLIOGRAFIA

Asimov Isaac, *Io Robot*, Mondadori, Milano 2003 (tit. orig. *I, robot*, Gnome Press, New York 1950).

Bandler Richard, Grinder John, *La struttura della magia*, Astrolabio Ubaldini, Roma 1981 (tit. orig. *The Structure of Magic*, Science And behavior Books Inc., Palo Alto 1975).

Barash David, *Geni in famiglia*, Bompiani, Milano 1980 (tit. orig. *The whisperings within*, Harper & Row, New. York 1979).

Boco Francesco, "La tentazione a-storica", in *Divenire. Rassegna di studi interdisciplinari sulla tecnica e il postumano* n. 4, 2010, Sestante Editore, oggi online a http://www.divenire.org.

Bostrom Nick, Cirkovic Milan (acd), *Global Catastrophic Risks*, Oxford University Press, Oxford 2008.

BOSTROM NICK, *Superintelligenza. Tendenze, pericoli, strategie*, Bollati Boringhieri, Torino (tit. orig. *Superintelligence: Paths, Dangers, Strategies*, Oxford University Press, Oxford 2014).

CAMPA RICCARDO, *La società degli automi: Studi sulla disoccupazione tecnologica e il reddito di cittadinanza*, D Editore, Roma 2016.

CHRISTEN YVES, *L'ora della sociobiologia*, Armando Editore, Roma 1980 (tit. orig. *L'heure de la sociobiologie*, A. Michel, Paris 1979).

CRICHTON MICHAEL, *Preda*, Garzanti, Milano 2003 (tit. orig. *Prey*, HarperCollins Publishers, London 2002).

DAWKINS RICHARD, *Il fenotipo esteso. Il gene come unità di selezione*, Zanichelli, Bologna 1986 (tit. orig. *The Extended Phenotype*, Oxford University Press, Oxford 1982).

DENNETT DANIEL, *L'idea pericolosa di Darwin. L'evoluzione e i significati della vita*, Bollati Boringhieri, Torino 2004 (tit. orig. *Darwin's Dangerous Idea: Evolution and the Meanins of Life*, Penguin, London 1996).

DENNETT DANIEL, *La mente e le menti*, Rizzoli, Milano 2000 (tit. orig. *Kinds of Minds: Toward an Understanding of Consciousness*, Basic Books, New York 1996).

EDMONDS DAVID, *Uccideresti l'uomo grasso?*, Raffaello Cortina Editore, Milano 2020 (tit. orig. *Would You Kill the Fat Man?*, Princeton Univ Press, Princeton 2015).

FAYE GUILLAUME, *Il sistema per uccidere i popoli*, AGA, Milano 2020 (tit. orig. *Le système à tuer les peuples*, Copernic, Paris 1981).

FRANZ EMANUELE, *Le origini del transumanesimo. Da Zoroastro a Davos*, Audax Editrice, Udine 2023.

FUKUYAMA FRANCIS, *La fine della storia e l'ultimo uomo*, UTET, Torino 2020 (tit. orig. *The End of History and the Last Man*, Penguin, London 2020).

FULLER STEVE, *The Proactionary Imperative: A Foundation for Transhumanism*, Palgrave McMillan, Londra 2014.

GIBSON WILLIAM, STERLING BRUCE, *La macchina della realtà*, Mondadori, Milano 1999 (tit. orig. *The Difference Engine*, Victor Gollancz, United States 1990).

HUXLEY ALDOUS, *Il mondo nuovo*, Mondadori, Milano 2007 (tit. orig. *Brave New World*, Chatto & Windus, London 1932).

JAY RICHARDS (acd), *Are We Spiritual Machines? Ray Kurzweil vs. the Critics of Strong AI*, Discovery Institute, Washington 2001.

KURZWEIL RAY, *The Age of Spiritual Machines: When Computers Exceed Human Intelligence,* Viking, New York 1999.

KURZWEIL RAY, *Come creare una mente*, Apogeo, Milano 2013 (tit. orig. *How to Create a Mind*, Duckworth, London 2014).

KURZWEIL RAY, *La singolarità è vicina*, Apogeo, Milano 2008 (tit. orig. *The Singularity Is Nearer*, Viking, New York 2005).

LAFONT GHISLAIN, *I paralogismi del transumanesimo*, in *Munera. Rivista Europea di Cultura*, 02/10/2017.

LILLEHAMMER HALLVARD (ed.), *The Trolley Problem*, Cambridge University Press, Cambridge 2023.

LLOYD SETH, *Programming the Universe: A Quantum Computer Scientist Takes On the Cosmos*, Knopf, New York 2006.

LORENZ KONRAD, *L'altra faccia dello specchio. Per una storia naturale della conoscenza*, Adelphi, Milano 1991 (tit. orig. *Die Rückseite des Spiegels*, Piper Verlag, München 1973).

MARCHESINI ROBERTO, *Post-Human. Verso nuovi modelli di esistenza*, Bollati Boringhieri, Torino 2002.

MARINETTI FILIPPO TOMMASO, *Mafarka il futurista*, Mondadori, Milano 2003.

MCKIBBEN BILL, *Enough: Staying Human in an Engineered Age*, Henry Holt, Times Books, New York 2003.

MORAVEC HANS, *Mind Children: The Future of Robot and Human Intelligence*, Harvard University Press, Harvard 1990.

MORE MAX,"Il sovrumano nel transumano" in *Divenire. Rassegna di studi interdisciplinari sulla tecnica e il postumano* n. 4, op.cit., (online a http://www.divenire.org/articolo.asp?id=41)

NIETZSCHE FRIEDRICH, *Volontà di potenza*, Bompiani, Milano 2001 (tit. orig. *Wille zur Macht*, Horneffer e Peter Gast, 1901).

PANSERA MARIA TERESA, *L'uomo e i sentieri della tecnica: Heidegger, Gehlen, Marcuse*, Armando Editore, Roma 1998.

PENROSE ROGER, *La mente nuova dell'imperatore,* Rizzoli, Milano 2000 (tit. orig. *The Emperor's New Mind: Concerning Computers, Minds, and The Laws of Physics*, Oxford University Press, Oxford 2016).

PENROSE ROGER, *Ombre della mente. Alla ricerca della coscienza*, Rizzoli, Milano 1996 (tit. orig. *Shadows of the Mind: A Search for the Missing Science of Consciousness*, Oxford University Press, Oxford 1989).

REY OLIVIER, *Leurre et malheur du transhumanisme*, Le Carnets DDB, Parigi 2020.

RIFKIN JEREMY, HOWARD TED, *Giocare alla divinità*, Feltrinelli, Milano 1980 (tit. orig. *Who should play God the artificial creation of li*, Dell Publ, USA, 1977).

SCIANCA ADRIANO, *Dove va la biopolitica?*, Settimo Sigillo, Roma 2008.

SPENGLER OSWALD, *L'uomo e la macchina*, Settimo Sigillo, Roma 1989 (tit. orig. *Der Mensch und die Technik. Beitrag zu einer Philosophie des Lebens*, Beck, München 1931).

STERLING BRUCE, *La matrice spezzata*, Editrice Nord, Milano 1986 (tit. orig. *Schismatrix*, Arbor House, New York 1985).

STEVE FULLER STEVE ET AL., *The Proactionary Imperative: A Foundation for Transhumanism*, Palgrave Macmillan, Londra 2014.

STOCK GREGORY, *Riprogettare gli esseri umani. L'impatto dell'ingegneria genetica sul destino biologico della nostra specie*, Orme Editori, Milano 2005 (tit. orig. *Redesigning Humans: Our Inevitable Genetic Future*, Houghton Mifflin Harcourt, Boston 2002).

STORRS CHARLES, *Accelerando*, Armenia, Milano 2007 (tit. orig. *Accelerando*, Orbit Books, London 2005).

STORRS HALL JOSH, *Beyond AI: Creating the Conscience of the Machine*, Prometheus Books, Amherst 2007.

VAJ STEFANO, "Ritorno sul promontorio dei secoli", in *Divenire. Rassegna di studi interdisciplinari sulla tecnica e il postumano IV. Speciale futurismo*, Il Sestante, Milano 2009.

VAJ STEFANO, *Biopolitica. Il nuovo paradigma*, SEB, Milano

2005.

VAJ STEFANO, *Dove va la biopolitica?*, intervista a cura di Adriano Scianca, Settimo Sigillo, Roma 2008.

Vaj Stefano, *I sentieri della tecnica. Spirito faustiano, transumanismo, futurismo*, Moira, Milano 2022.

VAJ STEFANO, *Indagine sui diritti dell'uomo. Genealogia di una morale*, LEDE, Roma 1985.

WILEY KEITH, *A Taxonomy and Metaphysics of Mind Uploading*, Alautun Press, Los Angeles 2014.

WOLFRAM STEPHEN, "Twenty Years Later: The Surprising Greater Implications of *A New Kind of Science*", in *Stephen Wolfram Writings*, 16/05/2022,

WOLFRAM STEPHEN, *A New Kind of Science*, Wolfram Media, Champaign 2002.